技術とアイデアの力で
エネルギー問題を解決する
あるベンチャー経営者の軌跡

水素発電ビジネスに挑む

VENTURING THE
HYDROGEN POWER
GENERATION BUSINESS

グローバル・リンク株式会社
代表取締役社長
冨樫浩司
Togashi Koji

現代書林

はじめに

２０２４年3月11日、２万２０００人を超える人々が犠牲になった東日本大震災から、13年になりました。太平洋の沖合で巨大地震が発生した午後2時46分、春の足音が聞こえ始めた東北地方の各地で犠牲者への祈りが捧げられました。今も２５００人を超える方々の行方が分かっていません。

皮肉なことに、この大惨事こそが私が手綱を取ってきたグローバル・リンクの原点でした。灯りが消えた東北の町や村に開発したばかりの太陽光発電機を届けるのが、誕生したばかりのベンチャー企業の役割でした。マンションの一画を事務所にあて、私の幼い娘である亜由美も仕事を手伝ってくれました。小型の太陽光発電機「Ｇ－ＳＯＬＡＲ」の組み立て作業でした。

私は宮城県の雄勝町を訪れて、凄まじい被害の実態を目の当たりにしました。福島第一原子力発電所がメルトダウンを起こしたことで電力が不足して、不自由な生活を強いられている人々に出会いました。電気のない生活がいかに困難かを、私自身も体験しました。そして現地の人々に、無償で「G－SOLAR」を届ける約束を交わしたのでした。

こうして慈善事業としてスタートした私のベンチャー事業は、その後、紆余曲折を繰り返しながら、海外で事業展開するまでに成長しました。開発した商品も、太陽光発電に続いて、風力発電、地熱発電へと移行し、現在は水素を使った小型の発電機「G－H2O」や、それを搭載した電気自動車「G－MOTOR」を普及させる段階へと進んでいます。この13年間は、冒険の連続でした。

本書は、経営者としての私の半生を描いた自伝であり、ビジネス論です。

「G－SOLAR」の大ヒットでグローバル・リンクは、世界へ羽ばたきました。そして、これから普及させる「G－H2O」や「G－MOTOR」も成功への同じ道をたどると確信しています。我社には技術力があるからです。それがベンチャーの「売り」であり魅力でもあります。かといって、私は上段に振りかぶってビジネスや人間を見ているわけではありません。

G-H2O

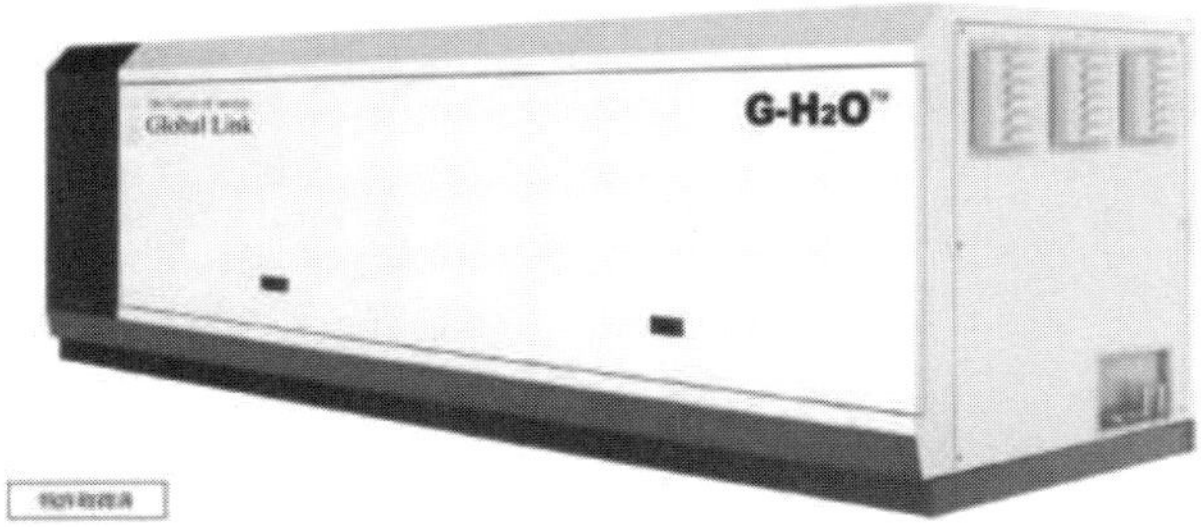

G-MOTOR

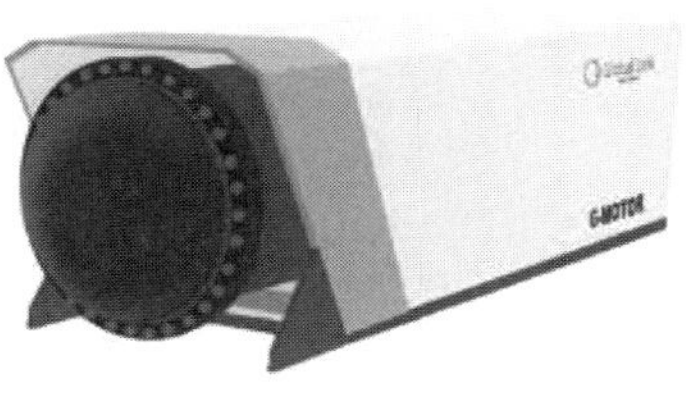

私は、常に普通に生活できることが幸せな生き方だと考えています。お金は大事です。借金は嫌です。しかし、これらの重荷を全て背負ってきたのが私の半生でした。生きるか死ぬかの世界でした。負けるわけにはいかない。苦労があり、努力もありました。私の人生をキーワードで表現するならば、「つくる」、「考える」、「工夫する」、「屈辱」、「人脈の恩恵」、「製品へのこだわり」といったところでしょうか。それがベンチャーとして、あるいは事業家としての私の生き方です。

本書で、水素発電機を世に出すまでの私の半生を回想しました。これまでも大変な道のりではありましたが、今後もエネルギーを背にして突き進むことが私の使命であり、人生だと考えています。

ご一読いただければ幸いです。

２０２４年8月

グローバル・リンク株式会社　代表取締役社長　冨樫　浩司

目次

CHAPTER 1

東日本大震災と能登半島地震から考える

CHAPTER 2

「グローバル・リンク」の原点

CHAPTER 3

モノづくりの青春

CHAPTER 4

逆境に打ち克って成長する

CHAPTER 5

時代の潮流とビジネスのマッチング

CHAPTER 6

経済の波と人生の波瀾

CHAPTER 7

未来のエコビジネス

CHAPTER 1

東日本大震災と能登半島地震から考える

東日本大震災を想起させた２０２４年の幕開け

２０２４年は波瀾の幕開けとなりました。元旦の午後、石川県の能登半島を襲ったマグニチュード7の巨大地震が、次々と家屋をなぎ倒し、道路を寸断し、２００名を超える人命を奪いました。雪国に降りかかってきた惨事でした。

その翌日には、東京の羽田空港で石川県に救助に向かう海上保安庁の小型機が、日本航空機と接触する事故がありました。旅客機も小型機も炎上して、海上保安庁の職員らが亡くなりました。幸いに旅客機の乗客に生命の犠牲はありませんでした。

ベンチャー企業の経営者として世界の主要都市と日本を旅客機で行き来している私にとって、この事故は我が身にも起こり得る惨事でした。数年前に海外出張でバンコクの空港に降り立った時、一瞬、機体が激しく揺れて冷や汗をかいたときの感覚が脳裏に蘇りました。

新年早々に日本に降りかかってきた二つの惨事を前に私は、人間を待ち受けている運命の恐ろしさを改めて痛感しました。

石川県の震災は、私に2011年3月11日の東日本大震災の惨事を想起させました。福島第一原子力発電所が、太平洋の津波で浸水して電源を失いました。4基の原子炉がメルトダウンを起こし、大量の汚染水が海に流失しました。この日を境に東日本から明かりが消えました。

それから2か月後、私は東北自動車道を北へ向かって車を走らせました。小型の太陽光発電機の需要が急増し、それに応えるための第一歩でした。新エネルギーの開発を目指すベンチャー企業「グローバル・リンク」の出番でした。

それから13年の歳月が流れました。この間、日本のエネルギー政策は原発重視から自然エネルギー重視に転換し、その後、再び原発へと軌道修正しました。政府が、次世代の小型原発「小型モジュール炉（SMR）」の開発を決めたのです。

こうした時代と政治の流れの中で、グローバル・リンクも紆余曲折を繰り返すことになりますが、最初に福島を訪れたころは、そんなことを考える余裕もありませんでした。

「水素発電の時代」を先取りする

千葉県の九十九里浜は、私が毎年1月1日に初詣に訪れる聖地です。自宅から車で程近い距離である上に、幼い時から海が見える町で育った事情もあり、はるか遠方の海面から登る赤い日を眺めると、エネルギーが全身に染みわたってきます。

海岸に打ち寄せる波の音。

海面を渡ってくる風。

そしてまぶしい太陽光。

これら天の恩恵を前に、私は自分が手掛けている新エネルギー事業の未来に思いを馳せました。

福島の原発事故が起こる前は、脱炭素の流れの中で原子力を21世紀のエネルギーとして位置付ける国策がありましたが、事故をきっかけとして太陽光発電や風力発電などの新エネルギーに転換する必要性が浮上してきました。私の会社も、これらの発電技術を開発したり、実際にそれを武器に事業を展開してきましたが、テクノロジーの発達は凄まじく、現在では水素を使った発電へ舵を切っています。しかも、小型の発電機に力点を置いています。それを自家用車に応用する試みもすでに開始しています。

現在はこれらの新製品を普及させる段階に入っています。日本だけではなく、海外の販路も視野に入れています。

太陽が水平線上に現れて、青々とした海面が輪郭を現してくると、私は大きく深呼吸をしてから踵《きびす》を返して駐車場の車に戻りました。

それから、幕張にある自社の事務所に立ち寄った後、自宅へ戻りました。もちろん会社は休みで、社員たちは出社していませんが、幕張は私にとって技術開発の拠点ですから、最も身近に感じる場所です。事務所が入居しているガラス張りのビルを見上げるだけで、事業への新たな情熱が湧いてきます。

この日の午後、テレビが石川県能登半島の大地震を速報したのです。

最初、私は大きな被害は出ていないのではないかと思いました。千葉県でも地震が多く、地震に慣れていたからです。テレビ報道によると、震度は強いがごく普通の地震だと考えてあまり気に留めませんでした。

しかし夜になって、テレビは輪島市の有名な朝市の市場が炎上している映像を映し出しました。オレンジ色の炎が夜空を焦がしているのに、消火作業は全く行われている気配がありませんでした。そのために遠方からの映像は、巨大な焚火のような印象をかもしだしていました。

それを見て、私は被害の大きさを想像しました。そして現地の原子力発電所は大丈夫なのだろうかと心配になりました。私にとって原発は、もはや新エネルギーの範疇には入りませんが、福島第一原発の事故がもたらした惨事を熟知しているだけに、原子力発電所の状態が心配になりました。

石川県から福井県にかけた日本海沿岸には、原子力発電所が6か所も設置されています。ここから大阪や京都の関西圏に電力を供給しているのです。この「原発銀座」で福島のような事故が起これば、京都や大阪の大都市は壊滅しかねません。太陽光発電や水素による発電技術を開発してきた私にしてみれば、原発は安全性の面でも効率性の面でも問題があります。

私の悪い予感は的中しました。石川県志賀町にある志賀原子力発電所で、変圧器が故障して外部電源が使えなくなり、冷却や絶縁のための油が漏れました。幸い放射線は外部に漏れていなかったようですが、地震による大地からの突き上げが原子炉を直撃していたら、福島と同じ惨事になっていたに違いありません。

テレビは明かりが消えた町を映し出しました。闇の向こう側にまた闇が広がっています。電源が途絶えたときに出現する光景で、13年前の福島でも同じことが起こりました。

目に焼き付いた福島の被災地の惨状

すでに述べたように、福島の原発事故の後、私は自社で開発したばかりの小型の太陽光発電機「G－SOLAR」を被災地に届けるために福島を訪れました。

内陸を縦断する東北自動車道を走ったので、最初、地震による被害の様子は分かりませんでした。茨城を越えて福島に入っても、地震の傷跡は見えてきませんでした。かりに太平洋岸の常磐道を走っていたら、凄まじい破壊の光景を目の当たりにしていたに違いありませんが、東北自動車道を走る限りでは地震の実態は分かりませんでした。

しかし、東北自動車道をはずれて、海側へ向かっていくと目を疑うような被害が広がっていました。たとえばビルの上にバスが乗っかっていました。津波の仕業にほかなりません。横転している車両などはざらにありました。崖が崩れて、赤い土がむき出しになっているところもありました。

最初に訪れたのは雄勝町でした。町役場に足を運び町長と面談しました。その後、町長が自ら被災地を案内してくれました。

その時に目に焼き付いた光景は、今も鮮明に脳裏に残っています。山を覆う杉の木が枯れていました。緑のはずの葉が茶色に変色していました。塩水につかったのが原因に違いありません。それを見ると、思わず涙が出ました。

歩き回っているうちに、スーツが泥だらけになりましたが、気にはなりませんでした。

「一番困っているのは、電気なんです。発電所がダメになりましたからね」

町長は途方に暮れていました。

「電気がなければ、町が機能しませんからね」

「そうなんです。電気がなければ、どうにもなりません」

町長は、私をある整形外科へと案内しました。院長が玄関にきて、私に窮状を訴えました。

「電気が不足して医療活動は完全にマヒ状態になっています。患者さんは来るのですが、電気がこないので、何もしてあげることができません」

院長の顔にも疲れの色がありありと現れていました。

同じ自治体の中でも、被害の規模はずいぶん異なっていました。全く被害を受けていない家屋もあれば、完全に押しつぶされた建物もありました。荒廃した被災地を、野良犬が闊歩しているのが印象的でした。

被害を視察していると、テレビで見たことのある大学の先生が白縁の眼鏡をかけて歩いているのに出会いました。私も米国のカリフォルニア大学（デービス校）で客員教授として講義したことがありますが、米国の研究者に比べて、日本の研究者はずいぶん異なった印象を受けます。近づきがたい雰囲気があります。

この日は、市内のビジネスホテルに宿泊しました。幸いに水は復旧していました。ホテルは復興工事でやってきた技術者や作業員で一杯でした。レストランでの食事は、異常に高い価格設定になっていました。

翌日は、被災した民家を何軒か尋ねました。家は半壊しているが、地元を離れたくないと言って住み続けている老人と話しました。高齢になってから生活環境を変えるのは、容易ではありません。

「水道も出ないのに、どうするんですか」

私の質問に老人は、

「水道よりもまず電気がほしい。電気がこなければ何もできない。冷蔵庫も使えない」

と言いました。

ホタテやカキの養殖で生計を立てているある男性は、高齢の両親を救助できなかった自責の念に苦しんでいました。電気が復旧しないことについては、こんなふうに話していました。

「明かりがないので、日の出と共に起きて、日没と共に就寝しています」

自社製品を被災地に積極的に寄付

電力不足が原因で困窮している被災地の実態を知って、私は自社で開発したばかりの「G－SOLAR」を寄付することに決めました。提供先は、公共性の高い病院などです。被災の惨状を話してくれた住民も提供先のリストに入れました。

社会貢献もベンチャー企業の重要な任務です。それがまた自社製品のPRにもなります。

東日本大震災からちょうど半年にあたる9月11日、雄勝町で「G－SOLAR」の寄贈式を行いました。会場には、たくさんの新聞記者が取材にきました。その日のうちに私は東京へ戻りました。

翌日、新聞各紙に寄贈式の記事が掲載されると、私の会社に「G－SOLAR」の注文が殺到しました。ある程度の注文は予想していましたが、その反響は想像をはるかに超えていて、電話が鳴りやまない状態でした。

この日から数日間で、凄まじい数の発注を受けました。その大半は、電力が不足してい

被災地の病院に G-SOLAR を寄贈

る東北地方の被災地からのものでした。特に、病院からの受注が多かったのを記憶しています。

電気がなければ、医療活動が成立しないからです。腎臓病の患者の透析もできなければ、人工呼吸器も使えません。主要な検査機器も使えません。医療の崩壊は直接人命に関わるので、多くの医療関係者が「G－SOLAR」に着目したのです。

新聞報道に追随するかたちで、次にはテレビが「G－SOLAR」を取り上げるようになりました。私のもとに取材が殺到し、ほとんど無名だった会社が、産業界の表舞台に躍り出たのです。グローバル・リンクは、時代の波に乗ったのです。

「G－SOLAR」が売れ始めると、代理店を開業したいという人が次々と現れました。そこで私は、ホテルのセミナールームを借りて、説明会を繰り返し開催しました。会場は常に満席でした。こうして代理店も立ち上げたのです。

ベンチャーは時代の風を読む

企業の成長は、常に時代の潮流に左右されます。「G−SOLAR」が普及したのは、家庭でも使えるように発電機を小型化することに成功したからですが、これだけでは爆発的なヒットに至らなかったかもしれません。

原発事故により電気が不足していた事情に加えて、原子力発電に対する不信感が世論として広まっていた背景も特筆しておく必要があります。かりに原発が受け入れられている時代にソーラー発電を前面に出せば、原発利権を持つ人々がさまざまな奥の手を使って妨害してきます。

ひと昔前のように暴力団を使って事業を妨害することはできないにしても、会社の汚点を根ほり葉ほり探り出して、役所に垂れ込んだりするのです。それに悪徳弁護士が絡んでくることもあります。元ライブドアの堀江貴文さんが服役させられたのも、その実例と言えるでしょう。

しかし、グローバル・リンクの「G－SOLAR」に関しては、そのような妨害は一切ありませんでした。それは、繰り返しになりますが、福島の原発事故によって、圧倒的多数の人々が、原発に替わる新しいエネルギー開発の必要性を感じ始めていたからです。

福島原発の事故の後、政界にも脱原発の空気が広がりました。たとえば、小泉純一郎元首相は、福島原発の事故から数か月後に「脱原発」を主張するようになりました。小泉氏は、すでに政界を引退していたとはいえ、影響力の強い方ですから、脱原発と新エネルギーの開発を求める世論が日本中に広がっていったのです。

もちろん私は新エネルギーの開発を目指すベンチャーですから、脱原発に賛成です。原発は安全上のリスクがある上に、核廃棄物の処理費用などを計算すると、結局、コスト面でも合理性がありません。このあたりの要素も考慮したのか、ドイツは当時のメルケル首相の決断で、いち早く原発から脱却しました。ソーラーの成功の陰には、原子力発電について否定的な世論の広がりがあったのです。

石川県の能登半島を襲った震災は、幸いに原子力発電所に壊滅的な被害を与えることはありませんでした。一つ間違えば、福島と同じ悲劇に見舞われていましたが、幸運にも放射線漏れはありませんでした。

電気もほとんどのところで数日で復旧しました。しかし、この地震を通じて、私は13年前の東日本大震災を想起し、改めて新エネルギーはどうあるべきなのかを考えました。テレビが映し出す倒壊した家屋を見ながら、福島の悲劇に思いを寄せたのです。

福島を原点として始まったグローバル・リンクの挑戦は、すでに述べたように、紆余曲折を経て、水素を使った小型発電を普及させる段階に到達しています。水素を使うといっても、石油燃料のように、発電機に水素を供給するわけではありません。水を使って発電機が水素を発生させ、それにより発電機を動かす仕組みです。

しかも、この技術は発電機だけではなく、EV車にも応用できます。EVの普及は、中国を筆頭にかなり進んでいますが、問題は充電のためのステーションを設置する必要があることです。この難題を解決するためには、水から水素を発生させ、その水素でエンジンを動かす技術が必要です。要するに水があれば車が走る技術です。もちろん一切CO_2は排出しません。

夢のような話ですが、それがいま実現する段階に来ています。私は製品開発の面白さを実感しています。

CHAPTER 2

「グローバル・リンク」の原点

私の原点……父の影響

京成線の本千葉駅で下車して西に向かうと、ビルの谷間を渡る風に潮の香りが漂ってきます。晴れた日には、上空に海の青が映えます。街を抜けると、光の中から広々とした海が現れます。東京湾の一角で、対岸に影のような陸地がうっすらと輪郭を現しています。

私は1960年7月に千葉県寒川町（現在の千葉市中央区）で生まれました。千葉市は、現在では東京の副都心として重要な地域になっていますが、私が少年のころは、辺鄙な地方都市に過ぎませんでした。寒川町は、うらさみしい港町でした。

私には4歳上の兄と、2歳上の姉がいました。この二人は後年、医学部へ進学して医師としての道を歩みましたが、私は工学部へ進んで会社員を経てから、会社を経営するようになりました。私たち兄弟姉妹は、自分の適性に合ったそれぞれの道へ進んだのです。

私は仕事で疲れた時など、幼児期を過ごした寒川町へ足を運ぶことがあります。すると半世紀前の自分や家族の像がありありと脳裏に蘇ってきます。日本は高度経済成長のレールの上をひた走り、バブルを経験し、そして現在は「失われた30年」のトンネルの中に突入しています。寒川町には、私の原点があります。

それは同時に、グローバル・リンクの原点でもあります。

少年期に私が最も影響を受けた人物は父でした。私にとって父はかけがえのない存在でした。父は、私が事業家として成功するために必要な心得を幼児期に身をもって教えてくれました。物事に取り組む時の姿勢や、他人を敬う心などです。

その中でも、とりわけ海外へ目を開くことの大切さを身をもって示してくれました。それもただ訓示するのではなく、具体的な指標を示してくれました。たとえば英語を習得する重要性です。

これは太平洋戦争の時代に所属した海軍の影響ではないかと思います。戦争とはいえ海軍の水兵として、日本を離れることで世界の中での日本の立ち位置を認識していたのでしょう。英語は、戦時中は敵国語で、父は敗戦国の水兵でしたが、そんなことにはこだわっていなかったようです。

私は事業家として必要なことを、少年時代に父から学びました。

外国船の来る港

当時、父は、横浜税関千葉出張所（現在の千葉税関支署）に勤務していました。太平洋戦争の時代、海軍に所属していた関係で、湾岸にある千葉税関に勤めるようになったのです。

違法な物品が港から日本に出入りしないように監視し、輸入品に対して所定の税金をかける仕事です。当然、職業の性質上、英語を使うこともあります。つまり自ら英語の重要性を自覚していたのです。それを私に伝えたのです。

戦争の話はあまりしませんでしたが、旧軍人の尊厳を重んじる性質をそのまま戦後も引きずっていました。そのために私が父から受けた教育は、厳しいものでした。「あいさつは、当たり前のこととして、当たり前にやれ」と口癖のように言われました。その「当たり前のこと」に英語の習得も含まれていたのです。

税関の建物は海辺に接していました。当然、外国船が接岸します。現在は、近くに千葉ポートタワーや県立美術館がありますが、当時は文化的な要素とは無縁の土地でした。私にとって岸壁に停泊している外国の船舶は、好奇心を刺激してくれました。船を眺めながら、海のかなたの国々を想像しました。船員同士が英語を話している光景も当たり前でした。

私は父が勉強している姿をよく見ました。自室からなかなか出てこないことがよくありました。税関には昇進のランクがあり、そのテストに合格するために勉強していたのです。機械に興味を持ったのは父の影響にほかなりません。父はあらゆるものを自分で修理していました。魔法の手を持っているかのように、壊れたものを簡単に修理していました。

母は、結婚前に日産自動車のゴム関係（鬼怒川ゴム工業）の関連会社に勤めていたのですが、千葉で父と出会って所帯を持ち二男一女をもうけました。宮崎県の出身です。後年、私は母を介護するために宮崎へ住居を移すことになります。

現在のようにパソコンもテレビゲームもない時代です。我々少年にとっては、海や学校の校庭が恰好の遊び場でした。当時はビー玉を使った遊びが流行していました。

ある時、私は自宅の階段の踊り場から、50個ほどのビー玉をいっせいに転がしてみました。モノづくりに興味を持ち始めた私なりの物理の実験だったのです。

ビー玉は音を響かせて階段を下り、玄関の上り口に置いてあった花瓶を直撃しました。花瓶は割れて、水が床に広がりました。大変なことをしたと思いましたが、後の祭りでした。どんなふうにビー玉が転がるのかを実験しようとしただけですが、思わぬ結果になりました。

夕方、帰宅した父は母から事情を聞き、私を厳しく叱責しました。しかし、今にして思えば、私が物理や機械に興味を持っていたことを喜んでいたのかもしれません。実際、それから数日後、「マイキット」を買ってくれました。

マイキットというのは、当時、学習研究社（現・学研ホールディングス）が発売していた電子回路を備えた組み立て式の玩具です。誰でも簡単に模型の戦車や飛行機をつくれる仕様になっています。土台の上に配線するだけで、作品を完成させることができます。

当時は、マイキットはプラモデル屋さんで販売されていました。ラジコンの飛行機や車などの完成品は値段が高いので、お金持ちの子息しか買えませんが、マイキットは、庶民でも入手できました。

私にとってマイキットとの出会いが、モノづくりの最初のステップでした。ビー玉の件がなければ、人生の航路も異なっていたかもしれません。それを思うと運命の不思議さを痛感します。

しかし、実際にマイキットの組み立てに取り掛かると、小学校低学年の私にとっては、そう簡単ではないことが分かりました。時間を忘れてマイキットに没頭していると、ほかのことが手に付かなくなります。しかし、それでも楽しい時間でした。少年期に味わったこの感覚は、後年、私がベンチャーとして製品開発に挑む時の心持ちと同じです。製品開発は、困難ですがやりがいのある挑戦です。

マイキットの組み立てで、どうしても解決できない箇所に遭遇すると、私は通学していた千葉市立轟町小学校の担任の先生に指導を求めました。この教員は、小学校2年の時の担任で、たまたま電子工学が好きな人でした。仕事熱心で、日曜日も学校へ出勤していました。

そこで私は日曜日に学校の職員室か理科室へ足を運び、マイキットの組み立てで分からない箇所を質問するようになりました。休日に私が登校してきたことで、先生も嬉しいのか、熱心に教えてくれました。

「おまえは将来、発明家になりたいのか？」

「いいえ」

「じゃあ何になりたいのか」

「分かりません」

「今のうちにしっかり勉強しておけよ」

こうして製作したラジコンのセスナ機やヘリコプターを千葉公園で飛ばしました。この公園には、広々とした芝生のエリアが広がっていました。「試験飛行」を見物する人が集まってくると、私はますます得意になりました。

「あんた、それを自分でつくったの？」

「はい」

「将来有望だな」

ラジコン機が着陸に失敗しても、大きなダメージはありません。墜落を想定して丈夫なつくりになっていたからです。

ヘリコプターで初めて空を飛ぶ

小学校のころから、ラジオ制作にも挑戦しました。最初はラジオのプラモデルを組み立てていましたが、それを卒業すると、部品だけばらばらに購入して自分で組み立てました。東京の秋葉原の電気街には、電気製品の部品を売る店が集まっていますが、千葉市にもそれとよく似た街があり、私はそこへ行って必要な部品を探しました。トランスやスピーカー、それに増幅器などさまざまな部品を探したものです。当時はトランジスター・ラジオなどはまだあまり普及していない時代でした。

ある日、父は私をヘリコプターに乗せてくれました。有料でヘリコプターに搭乗させるサービスを提供する遊園地が千葉県内にあったのです。飛行距離は3000円、5000円、10000円の3種類のコースがありました。

当時の国家公務員の給料は安かったこともあり、父は私を3000円コースに乗せてくれました。それでも楽しい時間でした。これが私にとっての初めての飛行体験でした。今では、頻繁に航空機で日本と海外を往復しますが、私にとっての初飛行はヘリコプターでした。

そのヘリコプターの離陸が始まると、眼下に公園の芝生や樹木が遠ざかり、遠方にコバルト色の海が見えました。毎日のように見ている海ですが、この日は、ひときわ水面が輝いていました。おびただしい魚の鱗が光に反射しているような印象がありました。一方、陸地には、積み木を散りばめたような民家とビルの群れが広がっていました。

短時間の飛行でしたが、この体験を通じて私は乗り物に興味を持ちました。初飛行は、私にとって印象的な遠い日の光景にほかなりません。

父のおかげで国際語としての英語が身に付いた

中学校は、地元の千葉市立轟町中学校へ進学しました。小柄な体つきだったので、身長を伸ばしたいと思い、バスケット部に入部しました。シュートの際にシャンプするので、身長が伸びるのではないかと考えたのですが、バスケットは自分の性に合わないことが分かり1年後に退部しました。

退部した後は、本気で学科の勉強に取り組むようになりました。表向きは遊んでいるふりをしていましたが、結構、夜遅くまで勉強しました。好きな科目は英語のほかに、数学と理科だったので、やはり自分にはモノづくりや国際事業の適性が備わっていたのではないかと思います。

すでに述べたように、父が私に最も強く要望したのは英語の習得でした。今にして思うと、父は国際化の波が日本にも押し寄せてくることを予測していたのかもしれません。直観的に時代の流れを読んでいたようです。

話は前後しますが、自宅近くに英語を上手に教える幼稚園があって、私はそこで初めて英語を習いました。兄も姉も、最初にここで英語を学びました。

改めて言うまでもなく、兄弟姉妹が揃って幼児期から英語を学ばされたのは、父の教育方針によります。職場が税関なので、父は毎日のように外国の船員と接します。当然、英語を話す必要が生じます。船員たちを通じて、父はコミュニケーションの大切さを強く自覚するようになり、自分の子どもたちに英語の勉強を強いたのではないかと思います。

「英語が喋れなかったら社会についていけないぞ。語学だけはやっておけ」

と常に言っていました。

ちなみに、後年、私が日産自動車で働いていた時代、カルロス・ゴーンCEO(社長兼最高経営責任者)による大掛かりなリストラがありました。その時に、解雇の対象になったのは英語が苦手な社員たちでした。

社内の公用語を英語にして、それに順応できない人は、早めに出社して英会話のレッスンを受講させられました。英語ができない人にとっては大変な苦痛です。屈辱的なことでもあります。社員を自主退職へ追い込むために、日産はこのような措置を取ったのです。実際、たくさんの社員が会社から去っていきました。

余談になりますが、日本人は語学が苦手な民族です。たとえば英語の能力検定の一つにTOEFLがあります。これは米国の大学に入学するための英語能力検定です。そのTOEFLのアジア・ランキングで、日本は30か国中でなんと28位です。OECD(経済協力開発機構）加盟国39か国の中では最下位です。これではグローバリゼーションの時代から取り残されかねません。

私は父の命令で早い時期から、英語を学びました。学校や塾での勉強のほかにFMラジオの英語講座を聞いていました。自分で組み立てたラジオで、英語放送を聞いていたのです。

そんなこともあって、中学校のとき英検で1級に合格しました。私の姉も中学校で1級を取りました。そんなわけで中学校の英語の教科書は、私には簡単すぎて役に立ちませんでした。

英語がある程度分かるようになると、港へ行って積極的に外国人の船員に話しかけ、英会話を練習しました。さらにアマチュア無線にも挑戦しました。

英語がしゃべれない人は、アマチュア無線は使えません。私はアメリカを初め香港やシンガポールなど、アジアの英語圏の人々とも、無線を通じてさまざまな話をしました。それがまた英語学習のモチベーションにもなったのです。

アマチュア無線は、誰でも手軽にできるものではありません。資金も結構かかりました。高校時代も含めると100万円以上の出費になりました。その資金をアルバイトや親からの借金で調達していたのです。

中学校から高校にかけての時代は、アマチュア無線の全盛期でした。東京の秋葉原に、アマチュア無線の部品を販売する専門店がありました。現在では、ネットでいくらでも部品を取り寄せることができますが、当時は直接店へ行って買っていたのです。ある意味では懐かしい時代です。

私はアマチュア無線を通じて、英語はもちろん機械にも強くなりました。そのころはオーディオが盛んで、ビクター、デンオン（現在デノン）、アイワなどのメーカーの全盛期でした。オーディオセットで英語の歌を聞いたものです。日本の音楽には関心がなく、ほとんどアメリカの音楽を聴いていました。

父が私に語学の大切さを教えたように、私もまた自分の娘に語学の大切さを教えています。一つ先の時代を見据えた教育にほかなりません。

幸いに私の娘は香港で育ったこともあって5か国語を流暢に話します。日本語、英語、広東語、北京語、それにスペイン語です。勉強したというよりも、香港は国際都市である上に、現地の人々が英語や中国語を話しますから、日常の中で自然に身に付けたという方が適切です。もちろん父親の私が日本人ですから、日本語も普通に話します。

その意味では娘は恵まれた環境で育ったわけですが、外国人の中には、現地で生活しても、地元の人々と接しないために、言葉がほとんど話せない人もいます。

娘が将来、どんな職に就くかは本人の自由ですが、私としては日本でグローバル・リンクの技術と理念を身に付けた上で、どこか海外の支店へ赴任してほしいと願っています。

ちなみに、「グローバル・リンク」という社名も、もちろん国際化の時代を見据えた名称にほかなりません。

CHAPTER 3

モノづくりの青春

「世の中に存在しないものをつくること」が私の使命

グローバル・リンクの使命は、世の中に存在しないものをつくることです。常識的には実現が不可能と考えられている製品を生み出し、市場に流通させることです。特にエネルギー分野で生活環境の向上に貢献する製品の開発を目指しています。

現在は、至るところに製品開発のチャンスが転がっていると言っても過言ではありません。石にもビジネスチャンスが隠されているかもしれません。ただ問題は、石を単なる無機質な物体と見るのか、それとも新たな可能性が隠れている宝と見なすのかです。それがベンチャービジネスの分岐点になります。

たとえば、私にとって水は、単なる飲料水や清掃として使われる物質ではありません。水素を生み出す原料です。その水素によって走る車の実用化も、私の会社ではすでに秒読みの段階に入っています。電気自動車に不可欠な充電基地が不要になるわけですから、まさに自動車業界の革命と言えます。

世の中に存在しないものをつくるという観点から、私はロータリーエンジン生みの親であるマツダの山本健一（1922〜2017年）さんを尊敬しています。本田技研の本田宗一郎さんも素晴らしい技術者ですが、本田さんが開発したエンジンは従来の技術の延長線上にある一般的なレシプロエンジンです。世の中に全く存在しないものを発明したわけではありません。

これに対して山本さんは、従来のルーツとは全く異なるロータリーエンジンを開発されました。山本さんは、世の中に存在しないものを発明されたわけです。グローバル・リンクが目指しているのは、山本さんの例に見る開発の方向性です。

しかし、世の中に存在しないものは、そう簡単に生み出されるものではありません。さまざまな分野の技術を消化・吸収した上で、初めて実現が可能になるのです。

それは草野球の選手が、いきなり大リーグのホームランバッターになれないのと同じ原理です。大谷翔平選手のように、そこに至るまでの地道な努力を必要とします。それが私の理念ですが、かといって私は何かの義務感に駆られて機械工学を学んだわけではありません。単純な話で、発明や機械工作が三度の飯よりも好きだったからです。好きこそが上達への第一歩です。この原理は、スポーツから芸術まで、あらゆる分野に当てはまるでしょう。

私が本格的に機械工学に没頭するようになったのは高校時代でした。すでに述べたように、高校時代にはアマチュア無線やオーディオに夢中になりました。秋葉原に頻繁に出かけていたので、どこにどのようなショップがあるのか、街の隅々まで知り尽くしていました。秋葉原で時間を過ごすのが私の大きな楽しみでした。

当時の高校生の多くは、スポーツや音楽に熱中していましたが、私は機械工学に心血を注ぐ稀な高校生でした。周りからは、おかしな人間だと思われていたかもしれません。

私が進学した千葉県立市原緑高校は、大学の進学先として文科系の大学を選ぶ生徒が多数を占めていましたが、私は迷わずに理科系を選びました。当時は、文科系の方が人気があり、理科系を選択する生徒はむしろ少数派でした。理科系に進むと、授業に実験などが含まれることもあって、学業が忙しく、遊ぶ時間がないというイメージがあったのです。

特に目的もなく漠然と大学へ進学した学生に、そのような傾向がありました。いわゆるボンクラですね。

パソコンと出会った千葉工業大学時代

大学は習志野市にある千葉工業大学を選びました。専攻は、金属工学科（当時）でした。千葉工業大学は、1942年に創立された学校で、現在では、同じ習志野市内の別の場所や、東京都内にもキャンパスがありますが、私が入学したころは習志野市に本校があるだけでした。

筑波大学にも合格しましたが、先に合格通知を受けた千葉工業大学へ入学金を納金していたので、筑波大学には入学しませんでした。私の両親に、入学金を二重払いするだけの経済的な余裕はありませんでした。また、学生の身の上で、アパートを借りる経済的な余裕もなく、父からは「自宅から通える距離にある大学でなければだめだ」と言われていました。そんなわけで千葉工業大学を選んだのです。

税関で働く父の給料は安かったのです。公務員は、現在ほど人気のある職業ではありませんでした。

千葉工業大学の金属工学科は、男性の学生が大半を占めていました。女性は5、6人しか在籍しておらず、野の花のようにまぶしい存在でした。建築工学科には、女性もかなり在籍していましたが、当時の千葉工業大学は全体的に男社会のイメージがありました。

教授の中には、黄色く変色した自分のノートを黒板に書き写すだけの人もいました。そんな人から熱意は伝わってきませんでした。そんなわけで、私は正規の授業を履修するだけでは満足できず、情報処理クラブに入り学友との交流を深めました。

このクラブでソフト開発を学びました。当時、パソコンは高価なもので、個人では所有できませんでしたが、クラブでデスクトップ型の大きなものを一台所有していました。今にして思えば、性能はあまりよくありませんが、それでも有用なものでした。私は、パソコンそのものにも興味を持ちました。

私は、授業の合間を縫っては、クラブハウスで仲間と切磋琢磨しながら新しい知識を身に付けました。理科系の大学だけあって学生は多忙で、文科系の大学のような社交場の雰囲気はあまりありませんでした。

後年、私が自分に課した「世の中に存在しないものをつくる」という理想は、大学時代はまだ漠然とした憧れであり、それよりもまず機械を分解したり改造することに心血を注ぎました。「世の中に存在しないものをつくる」ためには、まずは先人たちが築いた技術を盗み取ることが必要です。その上で初めて新しいものが創造できるのです。全くのゼロから新しいものを創造することはおそらく不可能でしょう。

初めての自家用車を改造

私は、大学に入学して早々に恰好の実験材料を得ました。母が入学祝いに中古のブルーバードを買ってくれたのです。憧れの日産車です。私から母に購入を懇願したところ、「分かった。買ってあげるよ。一緒に中古車の販売センターへ行こう」と、快諾してくれました。母は日産系列の会社に勤めていたことがあり、その関係で車にも興味を持っていました。それが幸いしたのです。

我々は中古車センターへ足を運び、車を物色しました。晴れた空の下、何十台も駐車した中古車の間を歩き回り、販売員の説明を受け、試運転をして一台を選びました。試運転するだけで、エンジンの性能がほぼ分かりました。

こうして私は人生で初めて自分の車を手に入れました。最初は喜びのあまり、ワックスでボディを磨き上げ、街のあちこちを乗り回していました。遠方にも足を延ばしました。

しかし、それだけでは飽き足らなくなり、やがて自宅のガレージで車の改造を重ねるようになったのです。ガレージの中は、夏は蒸し暑く、冬は冷え冷えとしましたが、私は満足でした。エンジニアになった気分でした。世界には、自宅のガレージから事業の第一歩を踏み出した実業家も少なくありません。私は、新製品を開発して脚光を浴びている未来の自分を想像しました。

両親は時々、ガレージを覗き込んでいましたが、何も言いませんでした。物事に熱中する私の性格を知っていたので、放置していたのです。

車の改造を重ねていくと、どんどん性能が変わっていきました。日産のキャブレター(エンジンの燃料供給装置)を、ソレックスやウエーバーのものに交換する実験も行いました。交換に伴い、ほかの部品との整合性を付けなくてはなりません。これは自動車屋さんがやっている難しい技術ですが、私にはそれができました。

このようにして、エンジンの性能を最大限に引き上げようと車の改造を繰り返したのです。そのプロセスの中で車の構造がよく分かってきました。それはちょうど、プールに入って初めて泳法が身に付くのと同じ原理です。地上で手足のフォームを伝授されても、それだけでは何の役にも立ちません。実践が何よりも重要なのです。

当時は、日産車の方がトヨタ車よりも高いステータスを誇っていました。実際、日産の方が技術的に優れていました。日産車は、サスペンションも独特のもので、車高を下げるとハの字になったものです。

トヨタ車の場合、車高を下げるためにはオーバーフェンダーにしなければなりませんでした。マツダ車もそうでした。だからそれを知らない人は、トヨタやマツダの車を改造して、パンクさせてしまいます。こうした車に関する基本的な点を知っていれば、いくら車を改造しても危険は伴いません。

千葉港で「ゼロヨン」に参戦

私が大学生のころは、千葉港の沿岸道路で「ゼロヨン」が開催されていました。ゼロヨンとは、文字通り「0-400m」の距離で車の加速タイムを競うレースのことです。加速の速さは、車の性能を表す指標とも言えることから、車好きの人々の間で「ゼロヨン」が流行っていたのです。

ポートタワーの脇にある広い直線道路が会場になっていました。しかし、「ゼロヨン」は路上でのカーレースの類いですから、警察の取り締まり対象になります。そこで参加者は、パトカーを警戒しながら車を操作したのです。パトカーに気づくと、あたふたと解散する光景は、暴走族と似ていますが、「ゼロヨン」は技術を競うのが目的ですから性質が異なります。警察に捕まれば罰金が課せられますが、カーマニアにとっては、車の性能を競える唯一の場だったのです。

私も「ゼロヨン」に参戦しました。自分で改造した車の性能を確かめたいと思ったからです。野球選手が野球の試合に出場して、自分の力を試したがるのと同じことです。私以外にも、車オタクみたいな人がどこからともなく集まっていました。

しかし、私は間もなく車の改造だけでは飽き足らなくなりました。同じことを繰り返していたのでは、物事は進歩しません。新しい刺激を求めるようになりました。

エンジニアの最高峰を目指す

車の次に私が興味を持ったのは、船でした。すでに述べたように父の職場が港に隣接していた関係で、私は港に出入りする船にも視線を向けていました。幼児のころは、よく乗船させてもらいました。船室を覗き込んで、さまざまな機器を観察したものです。

そんなこともあって車の改造だけでは飽き足らなくなり、自分で船を動かしてみたくなりました。私はアルバイトで資金を貯めて、レース用のモーターボートを中古で購入しました。もちろん免許も取得しました。そして今度は、モーターボートを自分で改造するようになったのです。

購入した船種はスウェーデンのドンジーで、エンジンはボルボ150を積んでいました。一定のスピードを出さなければ航行が安定しないという奇妙な特徴がありました。そこで私は、どんな速度でも航行が安定するように改造したのです。ボタンを押せば翼が現れる仕組みに改造し、その翼で航行を安定させたのです。

改造したモーターボートのレースにも出場していました。この大会は、霞ヶ浦で開かれていました。車と同様に、モーターボートの世界にもオタクのような人がいて、技術を競います。こんな環境の中に自分が身を置くと、やはり日本には技術大国になる地盤があるのかもしれないという気もします。

世の中には、私と同じように船に興味を持っている人も一定数はいるわけです。エンジニアの裾野が広いことは、科学技術を持続的に発展させるために必要な条件にほかなりません。

ちなみに現在も私は船を所有しています。24フィート（6メートル）のクルーズ船です。レース用のものも一隻所有しており、これは霞ヶ浦に置いています。

私が次々と改造の対象物を変えていったのは、関心のある分野が変わっていったからにほかなりません。当時から、「世の中に存在しないもの」を創造したいという漠然とした思いがあり、いろいろと模索する中で、改造の技術も高くなっていったのです。

若い時代に持っていた情熱は、60歳も半ばになった現在も変わることはありません。私がマツダの山本健一さんを尊敬するのも、彼が改造の域を超えて、存在しないものを創造するエンジニアの最高峰の域に到達されたからです。

余談になりますが、最近は、ドローンや飛行機など「空を飛ぶ機械」に興味があります。宇宙開発に乗り出すまでにはいきませんが、空を飛ぶ自由ぐらいは満喫して、発想を膨らませます。発明について思いをめぐらせます。空の彼方から素晴らしいアイデアが飛び込んでこないものかと期待しながら飛行しているわけです。

イーロン・マスクさんや堀江貴文さんは、宇宙に目を向けていますが、私もその気持ちは理解できます。宇宙は未知の領域です。今後、宇宙で地球上とは全く異質の科学的な発見がされる可能性も高く、そこに着目されたのでしょう。

マスクさんや堀江さんは宇宙開発の時代が本格化することを見抜いているのです。従来の価値観や世界観では時流に乗れないことを見抜いているわけです。その意味では、山本健一さんとも同じ方向性です。

父の死で生活が一変

私が高校から大学にかけて生きた時代は、牧歌的な空気がありました。その中で私は誰の制限も受けずに、モノづくりの青春を満喫しました。私の人生で後にも先にもこんな時代は存在しません。空に喩えると一点の曇りもない空です。

しかし、その牧歌的な時代も、大学2年生の時に父の急死により幕を閉じることになります。死因は急性心不全でした。

父の職場の人たちから聞いた話によると、夜勤明けの日に、父は同僚と居酒屋で酒を飲んでいて、突然に意識を失ったそうです。顔が真っ白になり、脈もありませんでした。救急車が居酒屋に到着した時は、すでに心肺停止の状態になっていました。

救命士が心臓マッサージをしながら、担架で父を救急車に運び込み、川崎製鉄総合病院へ運びましたが、脈が戻ることはありませんでした。

この病院から自宅に連絡があって、我々は病院に駆けつけました。しかし、すでに父の顔には白い布がかぶせてありました。布を取って顔を見ました。話しかけると返事が返ってくるような気がしましたが、唇は動きませんでした。

遺体を霊柩車で自宅へ運びました。翌日、葬儀の段取りをしました。質素な告別式でしたが、それでも税関の人たちが大型バスに乗ってやってきました。坊さんの唸るようなお経を聞いていると、私はいたたまれない気持ちになりました。

母は、父の死により意気消沈してしまいました。私も精神的に打撃を受けました。兄も姉も衝撃を受けていました。我々家族にとって、父の存在はそれほど大きかったのです。

父の死を機に、私は家計を支えるためにアルバイトをしなければならなくなりました。それまでもアルバイトはしていましたが、大学での勉学よりもお金儲けを優先せざるを得なくなりました。

やがて母もパートに出るようになりましたが、一家の生活は貧しかったです。父の存在の大きさを改めて痛感しました。私が機械工学に熱中できたのも父のおかげでした。その父がこの世からいなくなってしまうと、私は生きるために働くことを優先せざるを得なくなったのです。

当時、私はアルバイトで月に20万円ぐらい稼いでいました。当時の給料水準からすれば、かなり高かったと言えます。

一番長く続けた仕事は、夜間の清掃業でした。工事現場の警備員もやりました。西千葉の地下にあったコロラドというコーヒーショップでアルバイトしたこともあります。この店で千葉大学や千葉経済大学の学生と知り合いました。

このコーヒーショップの経営はあまり芳しくありませんでした。そこでオーナーはこの店を24時間営業の酒場にすることを検討していました。ところがちょうどそのころ、インベーダーゲームが流行し始めていました。そこでオーナーは、酒場に改装する代わりに、インベーダーゲームを導入しました。すると経営はたちまち好転しました。

この一件を通じて、私は初めて事業経営とは何かという問題を間近に観察しました。グローバル・リンクを立ち上げた後、私は経営上の困難に遭遇すると、コロラドの再建エピソードを思い出すようになりました。

高校から大学にかけての時期に、私は技術開発と会社経営の基本を実践から学んだのです。それは私にとって、大学の教室で学んだことよりも、はるかに大きな意義を持っています。

CHAPTER 4

逆境に打ち克って成長する

活気があった日産自動車

私がグローバル・リンクを立ち上げたのは、2011年、東日本大震災が起きた年です。一方、千葉工業大学を卒業したのは1985年ですから、社会人になってから起業するまでに25年以上の間、サラリーマンとして勤めたことになります。

私にとってこの時代は、逆境に打ち克つ忍耐力を養った時期とも言えます。ずいぶん打たれ強くなりました。それが自分の会社を立ち上げた後、どれほど役に立ったか、一言では言い尽くせません。他人のために働いた時代でしたが、無意味に時間を浪費したとは考えていません。

大学を卒業し、私は日産自動車に入社しました。現在ではトヨタ自動車のステータスの方が日産自動車よりも高くなっていますが、当時は日産自動車の方が勝っていました。三菱自動車は、人気がない会社でした。いわば私は自分が最も希望する企業に就職できたのです。

入社すると早々に、新卒者は社員の教育の一環として座間工場へ研修に出されました。まず実際に自動車を生産している現場を体験させるというのが会社の方針でした。私にとって、自動車工場の中に入るのは初めてでした。

工場の整理・整頓が行き届いているのが印象的でした。ワックスで磨いた体育館の床のように、ゴミ一つ見当たりませんでした。

ただ、現場の仕事は厳しかったのを記憶しています。「悲惨」と言っても過言ではありません。夜勤もありました。工員の数が不足していて、昼夜を分かたず働かされました。ほとんど眠らずに3日連続で勤務したこともありました。

当時の工場は、10時間労働や12時間労働は当たり前でした。

「それいけ、それいけ」

という空気が漲っていました。無理をしてでも働かなければ生産が追いつかない時代だったのです。研修生の間からは、

「こんなに働かせるのか」

「きついなあ！」

といった驚きとも不満ともつかない声があがっていました。

当時、自動車産業は好調だったのです。お金を儲けて車を買うことをよしとする価値観が国民の間に広がり、それが自動車産業を支えていたからです。30代や40代の働き盛りの世代も高級な車を所有することが一つのステータスとなっていました。

今の若い世代は、車を買おうという意識が希薄です。借りればいい、シェアすればいいという考えです。その意味で、私が日産自動車に入社した時代は、自動車業界にとっては幸福な時代でした。

自分の中に「営業の適性」を発見した

座間工場での研修が終わり、私が最初に配属された部署は、営業部門が管轄するディーラーでした。最初からエンジニアとして働く夢は叶いませんでした。私はもともとコミュニケーションが苦手でしたから、営業活動を円滑にできるかどうか不安でした。

ディーラーでは、所長が絶対的な権限を持っていて、部下に販売ノルマを課します。私は、顧客リストを手渡されました。そこにはＡＢＣＤのランク付けをした２００人ぐらいの顧客が記録されていました。

このうちＡは買い替え時期の車を所有している顧客です。新車の買い替えを検討している人々です。当然、セールス員はＡにランク付けされた客をターゲットにします。私は連日のようにＡランクの人の自宅を訪問して、新車の買い替えを交渉しました。自分では口下手だと思い込んでいましたが、予想外にスムーズなコミュニケーションを取ることができました。

事前にアポを取らず、飛び込みで戸別訪問をして、売買契約を締結したこともあります。私は自分に営業の適性があることを知って、意外な気持ちがしました。しかし、よく考えてみると車のメカニズムを知り尽くしていたから、車について的確で説得力のある説明ができたのです。

営業は、決してコミュニケーションの巧みさだけで成果を上げられるものではありません。やはり話の中身が肝心だということを確信しました。自信が湧いてくると、営業成績はますます上がりました。

気の毒に感じたのは、営業が下手な同期社員や先輩社員たちです。なかには上司から叱責されてべそをかいたり、屈辱に耐え切れず退職する人もいました。

こんな厳しいやり方をしていれば、現在ならブラック企業の烙印を押されますが、当時はそれが普通でした。どの企業も似たり寄ったりの社風だったと思います。「それ売れ、それ売れ」という時代でした。

ただ、現代の視点からすると、スパルタ式のやり方も社員を育てる一つの方法と言えます。部下に試練を味あわせることで、それを乗り越える力が身に付きます。

昨今は、上司が少し部下に厳しく接すると、パワハラだとかセクハラだとか言われますが、スパルタ式の社員教育がなくなったために日本企業も低迷しています。技術力も地に堕ちて、国際競争力もなくなってしまいました。

自分の体験から、厳しい職場を体験することもやっぱり必要ではないかと思います。少なくとも苦労は、若い時代の「こやし」となります。無駄ではありません。

私は営業の仕事を通して、「何にでもチャレンジしてみよう」という気持ちになりました。社会人としての最初の壁を克服しました。

日産自動車の過酷なリストラ

日産自動車に入社して、8年目に大規模なリストラがありました。

ある日、突然、各社員の机の上に一通の文書が配布されました。人によって文書の内容は異なりますが、私の場合は異動命令でした。解雇を通告された人もいました。

カルロス・ゴーン社長兼最高経営責任者が経営権を掌握した後、やがてリストラが始まるだろうという噂は流れていましたが、それが現実のものとなったのです。リストラの最初の徴候は、社内の公用語を日本語から英語に切り替えたことです。

社内には、ルノーから出向してきたフランス人が相当数いました。この人たちの大半は日本語が分かりません。日本語が理解できても、せいぜい日常会話程度です。かといって日本人社員はフランス語が話せません。となれば不完全ながら日本人社員の大半が一度は勉強したことがある英語がコミュニケーションの道具になります。そこで社の公用語として英語が採用されたのです。

社内の通達文書は、すべて英文に切り替わりました。それについていけない人は、朝の7時に出社して、「英語教室」で英会話の授業を受けるように指導されました。朝から2時間の特訓を受けます。それを毎日繰り返します。英語が好きな人であれば苦痛にはなりませんが、大半の社員にとっては精神的にも肉体的にも耐えがたいことです。このようにして会社は、社員が自主退職するように仕向けたのです。

現在では、日本企業の中にも、楽天のように公用語を英語にしている会社もありますが、楽天はもともとグローバリゼーションの中で生まれた企業なので、入社してくる人が多国籍で、英語が話せる人も少なくありませんが、日産自動車の場合は、日本で育った人に英語を強いるわけですから、ドラスティックな方針です。

幸いに私は、英語を幼少時から勉強していましたから、公用語が英語になったからといって、特に支障はありませんでした。私は、父が語学の大切さを語っていたことを思い出しました。

正直なところカルロス・ゴーンの時代になってから、職場の空気は暗かったです。ほとんどの社員は、リストラのターゲットにされる可能性があり、毎日が緊張の連続でした。

非人間的な状況が生まれていました。

私は解雇こそ免れましたが、会社からの勧めで別の会社へ転職することになりました。転職先は日立造船でした。

この会社で私は、後に起業するグローバル・リンクの主要商品を開発するための基礎を築くことになります。ようやく自分の得意分野を発揮する機会を得ることになるのです。

日立造船で、製品をつくる楽しみを知る

日立造船は、もともとは国営企業ですから保守的な空気がありました。悪く言えば、古臭い社風でした。取締役の中には、国家公務員から天下りした人がたくさん含まれていました。職の階級も多く、上下関係の厳しい会社でした。

そのために転職した当初はあまり居心地がよくありませんでしたが、徐々に職場に馴染んで、製品開発に心血を注ぐことができるようになりました。

勤務先は、東京・竹橋にある本社でした。皇居のすぐ近くです。当時は、毎日新聞社が

入居しているビルの6階と7階にテナントとして入居していました（現在は別の場所へ移転しています）。

私は日産自動車から日立造船へ、本人の意思とはかかわりなく人身売買のようなかたちで転職しました。日産自動車から、二人だけ日立造船へ受け入れてもらい、そのうちの一人が私でした。

所属は研究開発が中心となる環境プラント事業部でした。ゴミ処理のプラントをつくる部門です。しかし、大規模なリストラを経た会社から転職してきたために、最初は、「技術力がない人間」とみなされていたようです。

現在の日立造船の組織形態は知りませんが、当時は営業部がありませんでした。社員は全員が技術系の人たちだったのです。そのために、我々エンジニアが取引先の担当者に製品について説明しなければなりませんでした。

幸いに、私は日産自動車での営業経験が豊富にあったので、肩身の狭い思いをすることはありませんでした。過去の苦労が報われたのです。

ただ、やはり新しい職場に慣れるまでは、かつて経験したことのない異様な光景に遭遇して、面食らったり、不安な気持ちにかられたりしました。

たとえば、早稲田大学の出身者らに、どこか人間性が欠落している人が多かったのを記憶しています。彼らで徒党を組み、自分たちになびかない社員を敵視していました。これは日本人にありがちな悪い癖です。いわゆる島国根性というやつです。

嫌がらせをよくした社員の一人に酒乱の先輩がいました。普段はおとなしい人なのですが、料亭などで接待する時に、人前で部下の頭を平手でパンパンと叩くようなことがよくありました。

「そうだよな」と、わけの分からないことを言いながら、手を出します。

これでは、接待している相手に対しても礼を失しています。年甲斐と分別に欠けた行動ですが、私はこうした屈辱にも耐える以外に仕方がありませんでした。

ちなみに海外の企業内では、こうした上下関係はありません。人の頭を叩くこと自体が、ひどい侮辱にあたります。それを平気でやるのは日本人と韓国人くらいです。

慶応大学の出身者は結構紳士的でしたが、早稲田大学の卒業生には常識に欠けた人が多かったのを覚えています。

私は社員寮で生活していました。入寮した当初、寮の先輩からもいじめられたことがあります。何が原因だったのかは忘れましたが、トイレの便器に座って泣いたことを記憶しています。

社内には、リストラの対象になっている社員もいました。たとえば、メール係という部署があり、ここに配属されると郵便物の仕分けや書類のコピーなど、雑用のような仕事を強いられます。

「コピー係とメール係は、姥捨て山って言われているんですよ」

女性社員が、声を押し殺して教えてくれました。

「そうなんですか」

「うだつのあがらない人たちばかりなんです」

若いOLから、「これを何時までにコピーしてください」などとアゴで使われていました。これは、「もう、退職してください」ということです。

この部署に配属された社員は、数か月で退職していくことになります。会社としては不要な人材という位置づけになります。私は、はたから見ていて気の毒になりました。

仕事は厳しかったです。日立造船が、宿題として出された製品をつくることを義務づけられた企業だったからです。私には、それが逆に楽しく感じられました。予算を自由に使えるのは唯一の魅力でした。温泉の蒸気でタービンを回して電気をつくる機械を開発するプロジェクトも承認されていました。

一度、あるテレビ局が、「ないものをつくる」というタイトルで日立造船を取り上げたことがあります。その時、テレビアニメの「マジンガーZ」がプールから出てくるシステムを考えてくださいと例題を出されました。つまらない提案だと思いますが、いろいろと考案したのを覚えています。

こうした企業風土の中で、私は自分の仲間をつくりました。パレスサイドビルの地下でお茶を飲んだり、お酒を飲んだりしながら人脈を広げていったのです。それにつれて、社内にどのような派閥や人間関係があるかも見えてきました。このころは多忙で眠る時間はほとんどありませんでした。

日立造船に来てからは、海外出張も経験するようになりました。私の場合、渡航先は主にアジア圏でした。出張手当が付いていましたが、金銭よりも海外へ足を運ぶことで日本とは別の世界を体験できることの方がより大きな喜びでした。これは、日産自動車の時代には得られなかった快感です。新しい世界を見ながら、自分もいつの日か、世界を股にかけた事業を展開したいと思うようになりました。

日立造船は、東南アジアのあちこちに支店があります。そんなこともあって、海外の方が日本より売り上げが多くなっていました。今にして思うと、この時期にはすでにビジネスの国際化が始まっていたのです。ほとんどの国や地域が日本の投資を歓迎していました。たとえば、香港は海外投資を促進するために、進出企業に対して補助金を準備していました。

蓄電システムの開発を始めた

当時、日立グループの中に日立造船不動産という会社がありました。これはプライムハイムというマンションのデベロッパーです。このマンションを実際に建設していたのは、マンション建設を専門としている長谷工でした。

その長谷工は、埼玉県の越谷市に研究所を持っていました。長谷工研究所という名称で、私は２００８年にそこへ異動になりました。出向というかたちでこの研究所の一員となったのです。

研究所は越谷駅から5分のところに立地していて、広い敷地に実際にモデルのマンションを建て、そこで研究開発をしていました。当時は、単純に研究棟と呼ばれていました。長谷工研究所に入って、私はようやく自由に研究開発の仕事に集中することができるようになりました。大学を卒業した後に味わってきた冬の時代からようやく脱することができたのです。忍耐の時代は終わったと感じました。

当時、長谷工研究所では、太陽光発電で生み出した電気を蓄電するシステムを開発中でした。自家発電の電気を蓄電することで、災害時に蓄電した電気を使えるシステムの開発を目指していたのです。

この研究所では素晴らしい人材に出会いました。その中で最も私の印象に残っている人物は、K所長でした。この人は、東京理科大を卒業された技術者でした。当時の東京理科大は、東大の理学部や工学部よりも優秀だったと思います。K所長は研究熱心な人でしたが、仕事が終わると研究所の近くにある緑色の看板を出した居酒屋へ部下を連れて行ってくれました。

60人ぐらいの社員を引き連れて居酒屋へ行くのです。大きな店でしたが、その店を長谷工の研究員らが占めます。

「何でもいいから、みんな好きなものを食べろ」

「いいんですか？」

「どんどん注文しろ」

酒を飲みながら、私はふと居酒屋で死んだ父のことを思い出すことがよくありました。

この時代にも、やはり技術開発の重要性を再認識しました。一時期、長谷工は経営が傾いたことがあるのですが、その時、のちに会長になるO氏が社長に就任しました。彼は技術畑の出身です。技術系の人が社長になったのは、長谷工の歴史で始めてのことでした。

そのために、

「なぜ、あいつが社長になるんだ」

と、快く思わない人もいました。

O氏の信念は、「技術があれば会社はつぶれない」というものです。「会社をつくるのは技術だ」とも言われていました。実際、長谷工は技術を重視していて、太陽光発電を開発しました。私は、この技術のうち蓄電システムの開発を担当しました。

また長谷工は、マンションを対象とした発電だけではなく、「畜光式避難誘導標識」を開発して、東京メトロの各駅にそれを設置する計画も進めていました。

その関係で私は、政府の地震予測データを目にする機会があり、地震の際には蓄電システムが役立つのではないかと考えるようになったのです。この技術で人々の暮らしを守ることができるかもしれないと思いました。

これが後日、私が着手するベンチャー・ビジネスとなりました。グローバル・リンクを立ち上げる際に効力を発揮することになったのです。

日立造船に検察の捜査が

しかし、順風満帆にいかないのが人生なのです。さまざまな困難に打ち克って、ようやく自分の思い通りの仕事ができるようになった矢先に、日立造船が不祥事を起こし、官公庁の入札を5年間も禁止されてしまったのです。この事件は、簡単に言えば、自社が事業の入札で談合の疑惑をかけられたものです。日立造船以外にも6社ぐらいが連座していました。

ある日、検察が東京・竹橋の本社に踏み込みました。その時、私は本社にはいませんでしたが、聞いたところによると、検察は段ボールをいくつも持参して、乗り込んできたそうです。高級そうなスーツを着た若い男が、威圧的な口調で、

「仕事を中止してください」

と、命令を下しました。すごい形相だったそうです。

「なんだなんだ」

「検察の捜査だ」

大騒ぎになりました。

この事件を機として、開発研究部門のリストラが進み、私は長谷工研究所から日立系の子会社へ出向することになりました。それと時期を同じくして、私の母が病に倒れました。

この時点から、また私の運命は変わり始めるのですが、サラリーマンとして生きた30年近くの間に忍耐強い人間になっていたので、困難を乗り切る自信はありました。それまでの苦労が無駄だったとは思っていません。

CHAPTER 5

時代の潮流と
ビジネスのマッチング

母の病気を機に退職し、故郷宮崎に帰る

母はステージ4のがんの告知を受けたころ、宮崎市にある生家で一人暮らしをしていました。老年になって幼少期を過ごした家に戻ったのです。郷里に引っ越した当初は、私にとって伯父にあたる人（母の兄）と一緒に暮らしていましたが、伯父が亡くなった後は一人暮らしでした。

私は母を介護するために、日立造船を退職しました。そして宮崎で蓄電技術の研究でもしながらのんびりと暮らすことにしました。日立造船に未練はありませんでした。

母は、私が宮崎へ引っ越した2年後に息を引き取りました。母を荼毘に付し、遺品整理を終えると、私はこれから先の自分の人生について考えました。これまで人生の一つひとつのステージを精一杯に生きてきたので、このまま田舎でぼんやりと余生を送るわけにはいきません。私は自分の未来についていろいろな可能性を模索するようになりました。それはある種、楽しい時間でした。

東日本大震災の勃発

そんな平穏な日々にひたっていた時、巨大地震が東日本を襲ったのです。この震災が私の人生の中で、大きなターニングポイントとなります。図らずも時代の潮流とビジネスの切り離せない関係を思い知ることになります。企業が成長する時は、必ず企業の方向性と時代の方向性が整合します。しかし、当初はそんなことは予想もしませんでした。

震災が勃発した時、私はたまたま上京していました。そのため震災の凄まじい破壊力を目の当たりにして、度肝を抜かれました。

3月11日、私は埼玉県の越谷市のホテルを出て、東京都内の知人の事務所に向かっていました。都内に入り、麹町あたりの歩道を歩いている時、突然、立っていられないような激しい揺れに見舞われました。

揺れは最初にぐらっときて、それから地面から突き上げるような衝撃が襲ってきました。思わず「わ!?」と声を上げました。サーフィンでもしているかのようでした。それほど凄まじい揺れでした。

ガラスが割れる音や悲鳴が聞こえました。かねてから懸念されていた大地震が東京を直撃したのではないかと私は思いました。道路が波打っていました。携帯電話は通じなくなりましたが、幸いにSNSは使えました。

遠くで、パトカーのサイレンが聞こえました。やがて上空をヘリコプターが舞い始めました。その爆音が空から降りてきました。コンビニはすでに人だかりになっていました。

この日の夕方になって、私は東北地方で凄まじい被害が出ていることを詳しく知りました。震源地は東京ではなく、福島県の沖合いでした。甚大な被害を受けたのは東京ではなく、東北地方の太平洋岸でした。東北地方に比べると、東京は最小限の被害ですんでいたのです。

それにもかかわらず私の五十数年の人生で、こんな激しい地震に見舞われたのは初めてでした。幸いに私は、バスや電車を乗り継いで5時間を要して、その日のうちに越谷市のホテルに戻ることができました。

テレビは、津波に呑まれていく三陸地方の様子を繰り返し放映していました。漁船が陸地へ打ち上げられている映像は衝撃的でした。重量感のある船体とはいえ、津波のエネルギーの前には無力であることを思い知りました。

ふと私は九十九里浜の光景を思い出しました。果てしなく広がる海岸に、高波が押し寄せる光景を想像しました。自分が命を落とさなかっただけでも幸運なのかもしれません。

福島第一原子力発電所も津波に呑み込まれ、原子炉を冷却するために必要な電源を失っていました。私は嫌な予感がしました。原発が制御できなくなれば原子炉が大爆発を起こして、場合によっては、東日本全体が生活圏として成り立たなくなる恐れがあります。

原発は扱い方を誤ると取り返しのつかないことになります。それゆえに未来のエネルギーとしては、問題を内包しているのです。原発のことを熟知していない人は、絶対にタッチしてはいけない分野です。

原発がいかに危険かは、旧ソ連のチェルノブイリ原発事故でも実証済みです。被曝者の間で甲状腺がんや白血病が多発しています。うつ病などの精神疾患との関係も指摘されています。

ちなみにチェルノブイリ原発が爆発を起こした時に放出された放射能は、日本でも測定されました。被害は、地球規模で広がるのです。しかも、核廃棄物の最終処理方法はいまだに開発されていないのが実情です。

ホテルのテレビは、原子炉を冷却するために消防車が水を放水する様子を中継していましたが、私は原子炉が爆発するのは時間の問題だと予測しました。原子炉は放水で制御できるほどなまやさしくはありません。

ITの時代に人力で放水して原発を制御しようとしているのが、ブラックユーモアのように感じられました。その程度のことで原発がコントロールできるはずがありません。それが原発の怖さなのです。

実際、原子炉の1号機が震災の翌日に爆発を起こしたのを皮切りに、3号機と4号機も次々と爆発しました。私はふと原子力エネルギーの時代は終わるのではないかという予感がしました。

原発がいかに危険かは、物理に詳しい人であれば誰でも理解できますが、それを承知の上で、日本は全土に50基以上もの原発を設けたわけですから、原発ビジネスの利権が背後にあるのではないかと疑われます。本気で未来のエネルギーについて考察を重ねた結果だとは思えません。

私は早々に宮崎へ「避難」しました。そして宮崎の自宅で、福島原発の成り行きを見守ったのです。

「要件は、会ってから話そう」……運命の会話

宮崎に戻って数日後、K社のY社長から電話連絡がありました。K社は、もともと日立造船のカタログなどを製作していた広告代理店です。カタログを製作する際に、製品について K社に説明する必要があり、私がその役割を担当していた関係で、同社に出入りするようになっていたのです。やがて私は、Y社長とも懇意になったのです。

Y社長は、私をよく飲みに連れて行ってくれました。酒を飲みながらプライベートなこともよく話したものです。

当時、広告業界にもデジタル化の波が押し寄せてきて、その反動でそれまで主流だった紙媒体の広告出稿が激減して、広告業界は衰退に向かっていました。ビジネスは時代の潮

流に左右されるものです。しかし、Y社長はいつも明るく振舞っておられました。

私が宮崎に戻ってからは、もう話す機会もないかもしれないと思っていたので、電話を受けた時は驚きました。

電話の受話器から、「今、どこにいるんだ」と懐かしい声が聞こえました。

「実は宮崎なんです」

「宮崎のどこだ?」

「宮崎市の内海です。東京からは引き揚げました」

「じゃあ、明日、私がそちらへ行くから」

「何の用事ですか」

「要件は、会ってから話そう」

「そうですか」

「大事な要件なので」

Y社長は、翌日、宮崎に来られ、観光ホテルに宿を取られました。私は指定された時間にホテルに足を運び、ロビーで社長と再会しました。コーヒーを飲みながら、しばらく雑談しました。それから社長は、本題に入りました。

彼は、私が長谷工研究所に在籍した時期に開発した蓄電地の技術と太陽光発電を組み合わせて、家庭で使える発電機を開発するように勧めてきたのです。次世代のエネルギーを普及させるように促したわけです。私は、この提案に対して次のように返答しました。

「製品開発は可能ですが、若干、課題があります。太陽光発電の装置をさらに小型化する必要があります。小型化したものに蓄電池を結合すれは、家庭で使える発電機ができます」

「それをやってみないかね」

「………」

返答に窮しました。複雑な思いがありました。

実は私は、東日本大震災の前から日立造船で、蓄電システムを構築する必要性を訴えていたのですが、当時は誰も相手にしてくれませんでした。近い将来に巨大地震が関東圏を襲うと言われていましたが、誰も現実の問題として受け止めなかったのです。

腹立たしくもありましたが、企業に所属している以上は、自分勝手に開発を進めるわけにはいかず、頭の中で構想を練りながらもどかしい思いをしたのを記憶しています。

「冨樫さん、いつまで田舎で休養するつもりなんですか。もったいないことをしている。あなたが持っている技術を生かす時代ではありませんか。今このチャンスを逃せば、もう次の機会はありませんよ」

Ｙ社長は激しく畳みかけてきます。

「のんびりしている場合じゃありませんよ！」

「そうですね……」

「早く東京に戻って、太陽光発電と蓄電システムを合わせた機器の会社を起業すべきです」

私は、新しい事業を成功させる自信があまりありませんでした。宮崎で穏やかな日々を過ごしたいという思いもありました。

しかし、なぜか「やりましょう」と言ってしまいました。「不可能」と思えば、物事は一歩も前に進まないからです。年齢的に考えても、最初で最後の起業のチャンスでした。この機会を逃せば、「世の中に存在しないものをつくる」という私の理想を実現させる機会は永遠に訪れないでしょう。

ただ、最大の問題は事業資金をどう調達するのかという点でした。新しい製品を開発し、それを宣伝し、販路を構築するためには相当の資金が必要になります。母を介護する生活は、すでに終わっていたので、新しい事業に着手するための時間的な余裕はありましたが、問題は事業資金の調達でした。

「私はサラリーマンだったので、事業資金がありません。手元にあるのは退職金ぐらいです」

「お金の心配はするな」

私はY社長の顔を凝視しました。

「資金を振り込むから、口座を教えて」

「え？　本当ですか」

あまりにも簡単に資金を提供すると言われて、私はかえって戸惑いました。しかし、社長は冗談で重要な話をするような人ではないので、私は自分の銀行口座をメモして手渡しました。それでもなお半信半疑でした。

それから我々は大震災で東日本がいかに大きな被害を受けたかを語り合いました。もっとも私は福島原発の原子炉がメルトダウンを起こした後、関東から宮崎へ「避難」して、その後の困難を知らなかったので、もっぱら聞き役でしたが。

余談になりますが、後日私は長谷工が被災地の復旧のために、献身的な努力をしたことを知りました。次のようなエピソードです。

東日本大震災が起きた時に、ディズニーランドのすぐ近くにある長谷工が建てた高層マンションが被害を受けました。水の供給がストップした上に、電気も使えなくなり、付近の道路は液状化現象で水浸しになったのです。

この時、長谷工は社員たちを現場へ投入しました。社員たちが一軒一軒バケツで水を配布したのです。

その時、リーダーの方が、「やはり高性能な蓄電池が大事だ」と言ったそうです。というのもエレベーターが使えず、20階も階段を上り下りすることを強いられたからです。現場を見て、自分たちの事業の改善点を発見したのです。

そのおかげで今では、長谷工のマンションを買えば、停電しても影響はありません。蓄電池搭載マンションになっているからです。現在では、このようなタイプのマンションを無停電マンションと呼んでいます。

さらに長谷工は、マンションの地下に貯水槽を設置するようになりました。雨水を貯水して、その水でトイレが使えます。

長谷工に在籍していた時代に、私は家庭用の小型太陽発電機の開発を提案したことがあります。しかし、その時は実現しませんでした。

その小型太陽発電機の開発計画が東日本大震災を機に私のところに舞い込んできたのです。かりに私が長谷工にいた時代に小型太陽発電機を完成させていれば、Y社長がわざわざ私を宮崎まで訪ねてくることもなかったでしょう。運命とは奇妙なものだと思いました。

「グローバル・リンク」を公式に立ち上げ

翌日、私は銀行に足を運び、自分の口座に3000万円が振り込まれたことを確認しました。これで後戻りはできなくなりました。後ろを振り返らず、前へ進むしか選択肢がなくなりました。しかし、時代の風が私を後押ししてくれることを確信していました。

2011年の4月18日、私は「グローバル・リンク」を公式に立ち上げました。立ち上げの地はもちろん宮崎市です。後日、東京へ会社の本部を移動させる計画にしました。最初、資本金は950万円でした。1000万円以下だと消費税が2年間免除になるので、資本金を1000万円以下に制限したのです。現在の資本金は、2億2000万円になっています。私が唯一の株主です。

いったん起業方針が決まると、私は日夜を問わずに動き始めました。もちろん設立当初は従業員がいませんから、商談から雑用まで、すべて自分でやったのです。深夜まで働き、しばしの睡眠をとり、再び早朝から仕事をする日々となりました。

私は日産自動車時代、研修のために配属された座間工場での日々を思い出しました。当時とは異なり、私はすでに50歳を超えていましたが、日本で最も意欲的な「青年」だったのではないかと自負しています。

グローバル・リンクが東京へ進出する段階になると、Y社長が事務所の一角を私に無料で貸してくれました。

CHAPTER1で述べたように、私は会社を設立するとすぐに家庭用発電機の試作品を開発しました。

かつての同僚の中には、「うちの会社を踏み台にしやがって」と、面と向かって悪態を吐いた人もいますが、負け惜しみにすぎません。開発者は私ですから後ろめたい要素は何もありません。

ちなみに、私が蓄電の技術の重要性をいちはやく認識できたのは、船に興味を持っていたからです。船は陸地から離れるので、送電線で電気の供給を受けるわけにはいきません。どうしても発電と蓄電の技術を必要とします。

船の技術は予想外に進んでいて、船を動かすモーターを直流から交流に変えて電気を発電します。それを応用すれば、家庭用発電機の開発はそれほど難しい課題ではありません。こうした事柄を理解していたのも、私が蓄電についての研究開発をかなり前から行っていたからにほかなりません。そして東日本大震災により、実際に小型発電機の需要が生まれてきたのです。

「G－SOLAR」の試作品ができると、私は福島県を視察しました。そして福島県で被害を受けた人々から話を聞き、「G－SOLAR」を寄付することを約束したのです。また、記者会見を開いたところ、被災地から発電機の発注が相次いだのでした。このエピソードもすでに述べた通りです。

太陽光発電と蓄電池をセットにした「G－SOLAR」は、東日本大震災から半年後には被災地の病院に無償提供することができました。出航したばかりの船は、強力な時代の追い風を受けたのです。

こうしてグローバル・リンクはスムーズに軌道に乗ったわけですが、その背景を語る時、私は国策が企業の方向性に決定的な影響を及ぼすことを改めて強調せざるを得ません。その意味でY社長は、敏感に政治や社会の流れを読み取っていたのでしょう。鋭い感覚の持ち主で、世の中の状況を見極めた上で、私に起業を奨励したのです。

原子力から新エネルギーへの方向転換

話は前後しますが、経済産業省は東日本大震災から19日後の2011年3月30日、太陽光発電に関する重要な発表をしました。「太陽光発電の余剰電力買取制度」のもとで、発電した電力の買い取り制度を実施するにあたり、買い取り価格を示したのです。

それによると住宅用（10kW未満）が42円／kWh、非住宅用等が40円／kWhでした。この制度は、太陽光発電で生まれた余剰電力を電力会社に売るための法整備です。グローバル・リンクが軌道に乗った背景として、原子力発電に対する信頼が大きく失墜したことを決定的な要因として指摘しておく必要があります。

日本は言うまでもなく、世界の国々が新エネルギーを開発する必要性に迫られるようになったのです。もちろんこのような傾向は、地球温暖化が問題になり始めたころからありましたが、福島の原発事故を契機として本格化したのです。福島の大惨事のニュースは、インターネットにより地球規模で広がっていました。

当時の民主党政権の菅直人首相は7月13日に、「脱原発」の方針を明らかにしました。それまでの原発に依存したエネルギー基本計画を白紙撤回して新しいエネルギー開発を進めるべきだとする見解を示したのです。

これまで原発プラントの建設を社業として展開してきた企業にとっては、絶望的な国策でしたが、逆に新しいエネルギーを開発して、それをビジネスの軌道に乗せようとしているベンチャー企業にとっては、願ってもない国策の転換でした。

その後、２０１２年の年末に民主党政権は終わり、再び自民党が政権の座に返り咲きました。当然、従来の原発推進の方向へ軌道を再修正する可能性が浮上しましたが、原発に対する不信感は、そう簡単には払拭できるわけではありません。

自民党の内部からも、脱原発の声があがるようになり、２０１３年11月12日には小泉純一郎元首相が日本記者クラブにて会見を開き、自らの脱原発論を展開するに至りました。

このころ私は、グローバル・リンクが新エネルギー開発の分野で成長を続けるための地盤が固まったと確信しました。海外の国々も、ドイツを筆頭に脱原発の方向性を打ち出す流れが顕著になっていました。新エネルギーの時代がやってきたのです。私は、Ｙ社長の先見性の鋭さに改めて敬服しました。

CHAPTER 6

経済の波と人生の波瀾

急成長したグローバル・リンク

経済に変動があるように、人間誰しも浮き沈みがあるものです。ある時期は好調で、ある時期は不調に陥るのが普通です。ベンチャー企業にも経営の波はあります。その上下幅を最小限に食い止めるのが経営者の手腕とも言えるでしょう。

原発のリスクが明らかになり、新エネルギーを開発する必要性が浮上する時代を背景に、「G－SOLAR」は飛ぶように売れました。次々と発注が来て、息をつく暇もないほどでした。グローバル・リンクは急成長しました。

家庭用ソーラー発電の開発は、グローバル・リンクとエリーパワー株式会社の2社が先行していました。この2社は大手企業ではありませんが、技術力で大手をはるかに凌いでいました。改めて言うまでもなく、ベンチャー企業の売り物はテクノロジーです。

その後、NECも蓄電の技術を開発しましたが、タイミングが遅すぎました。家庭用のソーラー発電は、すでに普及していました。

日本は、自家発電の時代に入ろうとしていたのです。1世紀を超えて使ってきた固定電話が次第に姿を消して、携帯電話が急速に普及したように、電力供給の方法も変化してきたのです。

商品は時代と共に変化します。その原理を無視するとベンチャー企業の経営は頓挫します。私は絶えず消費者行動に注意しています。

現在は利便性を求める時代です。その点、「G－SOLAR」のメリットは、取り付けが簡単な上、設置スペースが少なくてすむことです。ベランダやバルコニーにも設置できます。30分もあれば設置が完了します。エアコンを設置するぐらいの手軽さです。

しかも、消費者にとって最も気になる価格は、従来の太陽光発電に比べて半額ですみます。この製品が普及した理由がここにもあります。

私は電力の供給は、今後、自家発電を基本とした時代に突入すると確信しています。さらに踏み込んで予測するなら、次章で述べるように、将来は水素による自家発電が普及すると考えています。それまでに何年かの歳月を要するでしょうが、電力供給のシステムは変化します。予測よりもはるかに迅速にそんな時代が来るかもしれません。

電力会社には気の毒ですが、これだけは時代の流れですから止めることはできません。消費者はより便利で、より安価なものを選びます。将来は、家庭用の水素発電機が当たり前になるでしょう。

「G－SOLAR」の成功でグローバル・リンクの事業が軌道に乗ると、私は産業用ソーラー発電の開発にも着手しました。産業用ソーラー発電はすでにかなり普及していましたが、グローバル・リンクが目指すのは、従来のものを進化させた、より性能の高いものでした。

一つの製品がヒットして、それに満足していたのでは、ベンチャー企業は衰退します。このことを踏まえて、開発はさまざまな分野を同時並行で網羅するのが私の方針です。複数の分野に踏み込むことで、相乗効果もあります。

そんなこともあって、製品開発の手を緩めず、私はソーラー発電の開発と並行して、後述するように地熱発電にも風力発電にも着手しました。

産業用のソーラー発電に着手したきっかけは、私が懇意にしていたある老舗食料品会社の社長からの提案でした。

「小型の太陽光発電ができるんだから、大型もソーラープラントもできるだろう？　やってみてくれないか」

それまで私は、産業用の1メガや2メガの大規模太陽光発電はつくったことがありませんでした。しかし、太陽光発電の仕組みを知り尽くしていたので、開発は簡単にできると確信していました。実際、スムーズに開発は進みました。

ベンチャー企業として有望であると評価された

ベンチャー企業としてのグローバル・リンクの評価が高まるにつれて、新事業に投資してくれる人が次々と現れました。グローバル・リンクが将来的に有望な企業であるという評価を受けた証《あかし》でした。経営者としては名誉なことです。

たとえば北九州にT産業という会社があります。この会社の社長は石炭王と言われている人で、資産家でもありました。社長の兄弟も別の会社を経営されていました。これらの企業は、グローバル・リンクに対して総計で15億円ぐらいの融資をしてくれました。

日本を代表する経営者である京セラの故稲盛和夫氏も支援してくださいました。中国でも高い評価を受けている経営者です。

こうした著名な事業家から支援が得られたことは、私にとっての誇りです。

さらに稲盛氏が支援しているE工業も10億円ほどの融資に応じてくれました。この会社は宮崎県にあって、県内ではナンバー2の地位にあります。これらの企業の支援の積み重ねが、グローバル・リンクを成長させたことは言うまでもありません。

産業用のソーラー発電に着手

産業用のソーラー発電の第一号基は、茨城県の大洗町に設置しました。大洗町は、海水浴場の町として有名です。夏場は多くの海水浴客が首都圏から訪れます。山には緑が広がり、海沿いには美しい浜が広がります。自然エネルギーによる発電所を設置するのにふさわしい土地です。

海沿いの町にある発電所といえば原発のイメージがありますが、私は海沿いの町にソーラー発電所を設置したのです。

全国からさまざまな人が完成した発電所を視察にきました。それに伴い受注がどんどん増えていきました。発電所を設置する場所を確保するのに苦労しましたが、自治体と協力することで成功した例もあります。

たとえば茨城県の山間部の常陸太田市と久慈郡大子町のケースです。常陸太田市と大子町は過疎化と財政難に苦しんでいました。

そこで2014年にグローバル・リンクが主体となり、廃校になった小学校の運動場を有償で借り受け、1MW（メガワット）の太陽光発電所を設置しました。その後、さらに発電所の規模を拡大していきました。発電所を設置した大子町は税収が増えた上に、新しい雇用も生まれました。

また長崎県佐世保市の沖合にある宇久島では、ソーラーパネルの設計をしました。島の人口は2200人ほどで、若年層の島外への流出が問題になっていました。この島の四分の一をソーラーパネルで覆うわけですが、環境に配慮して、農業や漁業など島の産業に影響が出ないように設計しました。この事業には稲盛氏の京セラも出資してくれました。

ソーラー発電事業に関して最も頭を悩ませたのは、設置場所を確保することでした。設置場所の近辺に住む住民から、設置に反対する声があがった場合は、繰り返し説明会を開いて、住民に納得してもらう必要があります。

ソーラーパネルの設置により地盤が緩むと、土砂崩れの原因になるので、住民側の不安はよく理解できますが、十分に安全に配慮した事業計画を提示しても、容易に納得してもらえるわけではありません。

土地が少ない日本ならではの悩みでした。この産業ソーラー発電に関しては、後述するように、最終的に余儀なく撤退しました。

複数の技術開発を同時進行

すでに述べたように、私は産業用のソーラー発電事業を前に進めながら、同時に風力発電や地熱発電の分野にも進出しました。永遠にソーラー発電の時代が続くとは限らないからです。先を見越して早めに新しい分野に着手するのが私の方針です。

ただ、風力発電や地熱発電には、かなり高いハードルがあることが分かりました。たとえば風力発電は設置場所を探すのが容易ではありません。産業用のソーラー発電よりも場所の確保が難しいのです。発電所の操業が公害を引き起こす強い懸念があるからです。

風力発電のプロペラが回転すると低周波音が発生します。人によっては低周波音を非常に不愉快に感じることがあります。不快さの度合いには個人差がありますが、敏感な人には耐えがたい苦痛だそうです。それが原因で健康に働けなくなった例もあります。家を引っ越さざるを得なくなる人もいます。

健康被害が原因で住民と企業との間で訴訟になったケースもあるようです。たとえ裁判で勝訴して風力発電所を設置しても、住民が嫌がっているのであれば意味がありません。いさぎよく引き下がる方が賢明です。それが企業のコンプライアンスというものです。

中国のように荒漠とした土地が広がるところに、風力発電所を設置するのであれば、何の問題もありませんが、国土の狭い日本では、住民に迷惑をかけない場所を探すのが難しいという事情があります。

海上に設置する方法もありますが、莫大なコストを要します。風力発電は実質的には採算が合わないというのが私の結論でした。

地熱発電には高い壁があった

地熱発電も、やはりコスト面で採算が合いません。

2014年4月3日、グローバル・リンクは地熱発電所をスタートさせました。第1号基は、長野県のあるホテルに設置しました。山間にあるホテルで、大きな露天風呂が売り物です。工事に着手するのに先立って、私はこのホテルを買収しました。

ほぼ同じ時期に、岩手県胆沢郡金ケ崎町のホテルを買収する手続きも進めていました。しかし、この計画は中止しました。というのも、地熱発電には高い壁があることを身をもって知ったからです。

地熱発電は温泉を発見することが前提条件になります。温泉の湯ではなく、地下のマグマがつくり出す蒸気を得るのが第一の目的です。観光旅館の経営は、あくまで二次的な目的になります。

その温泉を掘るためのコストは、1メートルあたり10万円程度かかります。したがって1キロ掘ると1億2000万円から1億3000万円の費用を要します。さらに調査に500万円ぐらいを要します。掘ってみて温泉が出なくても掘削会社に作業費を支払う契約になっています。総計で3億円ぐらいの費用が必要です。

しかし、実際にどこにマグマがあるかは、掘ってみなくては分かりません。温泉のありかを予測するのが難しいのが実情です。

さらに発電機の性能はどうかといえば、太陽光発電よりも効率が優れていますが、メンテナンスにかなりの費用を要します。そのようなわけで、私は何軒かの温泉ホテルをモデルとして、実験的に地熱発電に着手したものの、最終的には事業から撤退しました。

法律の改正によって、奈落の底に突き落とされる

2017年、私にとってもグローバル・リンクにとっても大きな転換点が訪れました。東日本大震災の後に、反原発の潮流が生まれ、「G－SOLAR」が急激に普及したころ、私は政治と事業の関係を痛感したわけですが、この年に再びそれを思い知ることになりました。

資源エネルギー庁はこの年の4月に「再生可能エネルギー特別措置法（FIT法）」の一部を改正しました。それにより太陽光発電の事業を展開するための条件が従来よりも格段に厳しくなったのです。

改正の背景には、発電所を設置しておきながら、実際に事業所が稼働しなかったり、稼働しても安定した操業を実施しない業者が相次いだという事情があります。これでは出資者の採算が合わなくなります。

出資者の大半は、銀行から融資を受けて事業に参入したわけですから、毎月、銀行に融

資を返金しなければなりません。当然、販売する電気量が一定の規模を維持しなければ、融資を返済できません。投資の採算が合わなくなります。

そこで資源エネルギー庁はＦＩＴ法を改正して、事業者に稼働時間の厳守を義務付けるなど、発電事業を正常化するルールを導入したのです。

ところが、この改正が裏目に出て太陽光発電にはリスクがあるという説が広がりました。本来であれば、投資家を保護するための法改正ですが、逆に産業そのものが安定していないのではないかという懸念が広がったのです。要するに危ない投資分野だと思われたわけです。

当時、私は土地を確保して、太陽光発電を設置することを前提に、お客さんを募っていました。実際に契約を締結して、何件もの工事に着手していました。当然、工事費用も発生していました。

ところが資源エネルギー庁が方針を変えたために顧客の間に不安が広がったのです。その影響をグローバル・リンクも受けました。多くの投資家はすでに契約を締結して、費用の一部を支払っていました。

契約書には、事業をキャンセルできる条項がありました。顧客が契約をキャンセルした場合、私は資金を払い戻さなければなりません。キャンセル料の条項は設置していませんでした。キャンセルにより生じる損害は、すべてグローバル・リンクが負担する契約になっていました。

顧客の大半は契約して土地を買い、資金も支払っていました。機材の手配もしていました。架台、パワーコントローラー、キューピクル（配線関係）なども入手していました。それに要した金額は、総計で45億円にも達していました。

グローバル・リンクがすでに工事業者に対して工事費の一部を支払って準備に入っていたにもかかわらず、顧客に資金を返済する義務が生じたのです。

私は目の前が真っ暗になりました。グローバル・リンクは創業以来、絶体絶命の危機を迎えたのです。

実際、グローバル・リンクはたちまち支払遅延に陥りました。その事実を帝国データバンクと東京商工リサーチの報告書がスクープとして公表しました。迷惑なことでしたが、私にはどうすることもできませんでした。

当然、グローバル・リンクの信用度は一気に地に堕ちて、契約のキャンセルに拍車がかかりました。事務所の電話が鳴るたびに冷や汗が出ました。

この時点から、私は急坂を転落していったのです。当時、グローバル・リンクの事務所は東京・丸の内の新丸の内ビルの12階にありました。東京の一等地です。

私はビルの屋上に入り、手すりに肘をついて眼下を見下ろしました。人や車の流れが蟻の行列のように見えました。このまま手すりを乗り越えれば楽になるという思いが脳裏をよぎりました。私の人生で最大の挫折でした。

政治の恐ろしさを改めて痛感しました。私の推測になりますが、FIT法の改正は原発回帰への布石であり、既存の電力会社を保護することが目的だったのかもしれません。

実際、それから6年後の2023年2月、政府は小型原子炉GX（グリーン・トランスフォーメーション）を導入する方針を決めました。また、「原則40年、最長60年」と定められていた原発の寿命を延ばすための検討にも入りました。原発に代わる新エネルギーの開発は、従来の電力会社にとっては不都合だったのです。

莫大な額の借金を背負った私は、グローバル・リンクの再建に乗り出しました。自殺を思いとどまったのですから、前へ進むしかありません。

私は、まず会社とは別に個人的に所有していた賃貸マンションを売却しました。江東区の東陽町にあった自社ビルも売却しました。売却できるものはすべて売り払いました。事務所は、丸の内から千葉の幕張へ移しました。

幸いに、借金の取り立てを控えてくれる企業もありましたが、私は支払いの苦しみを嫌というほど味わいました。ＮＥＣは、グローバル・リンクの社員を受け入れるかたちで支援してくれました。

２０１９年、私は産業用の太陽光発電からの撤退を発表しました。自分がやってきたことがやはり環境破壊に当たるのではないかと感じるようになったからです。これも時代の流れでしょう。

当時、会津磐梯山でソーラーパネルを設置する計画がありました。ところが住民から、猛反対を受けました。私は繰り返し住民説明会を開催しましたが、住民の反発は高まる一方でした。

実際、太陽光パネルを設置するために森林を伐採したことで、地盤が弱くなり、地滑りを起こしたり、堤防が決壊したというニュースも流れていました。

住民側の主張にも一理ありました。私は住民の生活を破壊してまでビジネスを展開したいとは思いません。そのエネルギーは、新しい製品開発に向けることにしました。

次の目標は、水素発電でした。

CHAPTER 7

未来のエコビジネス

「水素」こそ次世代エネルギーの切り札

私は現在、１０６件の特許を持っています。これまで支払った特許の登録料は、相当な高額になります。しかし、内容には自信を持っています。多様な用途に適用することができ、採算性という面でも帳尻が合っています。

かつて技術開発で世界の最先端を走っていた企業といえば東芝でした。この企業は数多くの特許を武器にして多くの製品を開発してきました。しかし、私はその東芝に負けないだけの内容のある特許を所有しています。

これまで私は発電の分野では、太陽光発電、地熱発電、風力発電などを手掛けました。ただ、それぞれの発電には課題もあります。太陽光は、光の放射がなければ発電できません。地熱発電の場合は、地震で地下のパイプがはずれたら、もうそれで発電できなくなります。さらに風力発電に関しては、発電する電気の量がなかなか安定しません。

こうした欠点を克服するために私が考えたのが、金属と水から水素を生成させ、発電機を動かす方法です。日本は水が豊富にあります。水から水素をつくることができれば水素発電が可能になるという発想から、水素発電の開発に進みました。

しかし、開発を発案した13年前は、水素発電を口にするとたちまち、

「何を言っているのだ」

「正気か？」

「口からでまかせを言うな」

と、バカにされていました。誰も相手にしてくれなかったのです。

水を分解して水素をつくる方法を使えば、24時間安定して発電機を稼働できます。自分の家の水を使って、自宅で使う電気を自家発電する。これは論理的には間違っていません。

後年、私は自分が開発した水素発電システムを「G‐H2O」と命名しました。現在、私は、「G‐H2O」の普及を進めています。市場は、日本国内よりもむしろ海外に重点を置いています。というのも、日本ではまだ原発を優先する空気が支配的だからです。「G‐H2O」は、現時点では海外に受け入れの土壌があります。水素発電は循環型のクリーンなエネルギーとして注目されています。

「G-H_2O」の仕組み

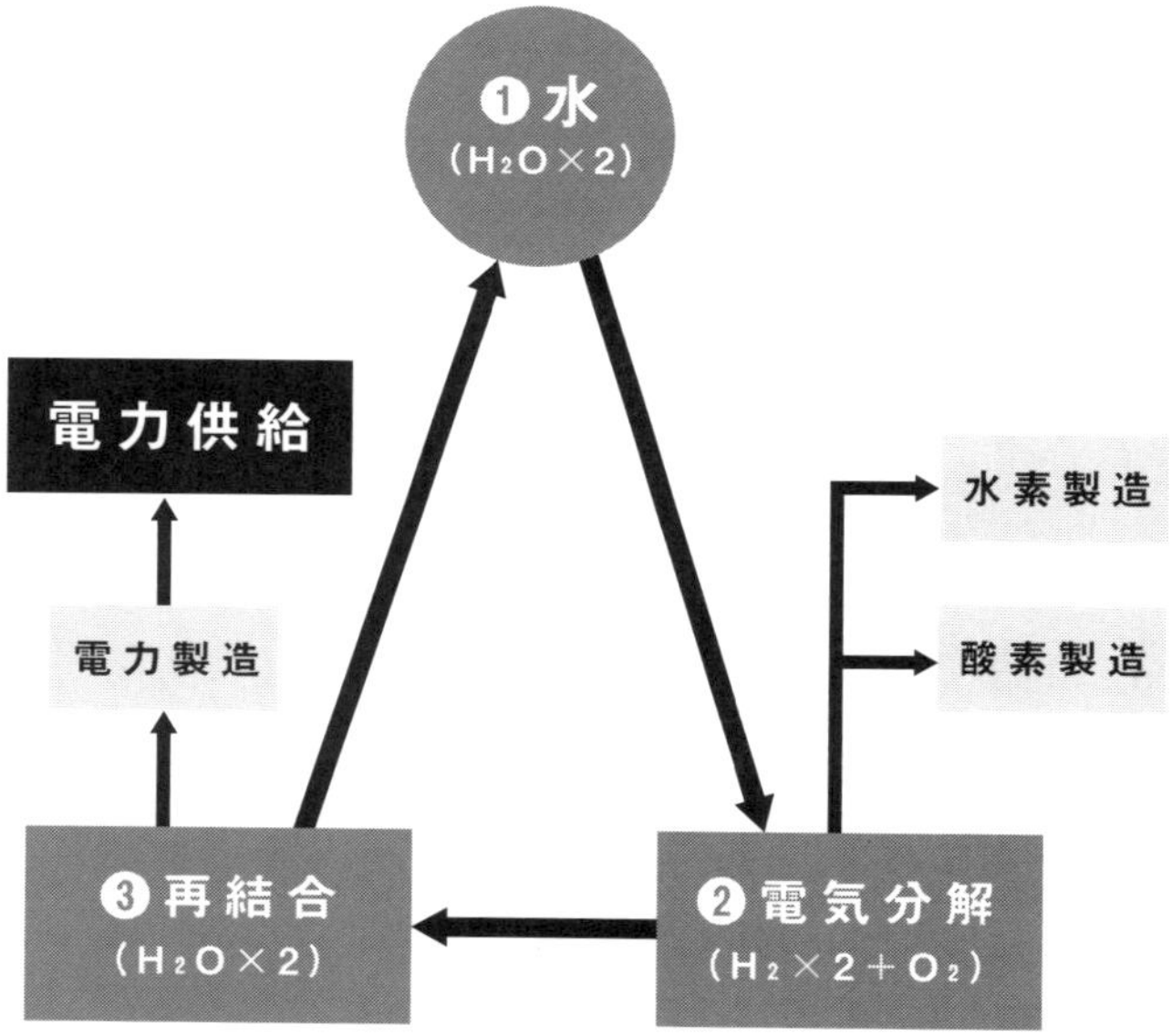

水から電力を創出する

❶「現地」で原料（水）の調達が可能

❷水を電気分解し、水素と酸素を創出

❸水素と酸素を結合し、電力を創出

水素社会がつくり出す持続可能型社会のイメージ図

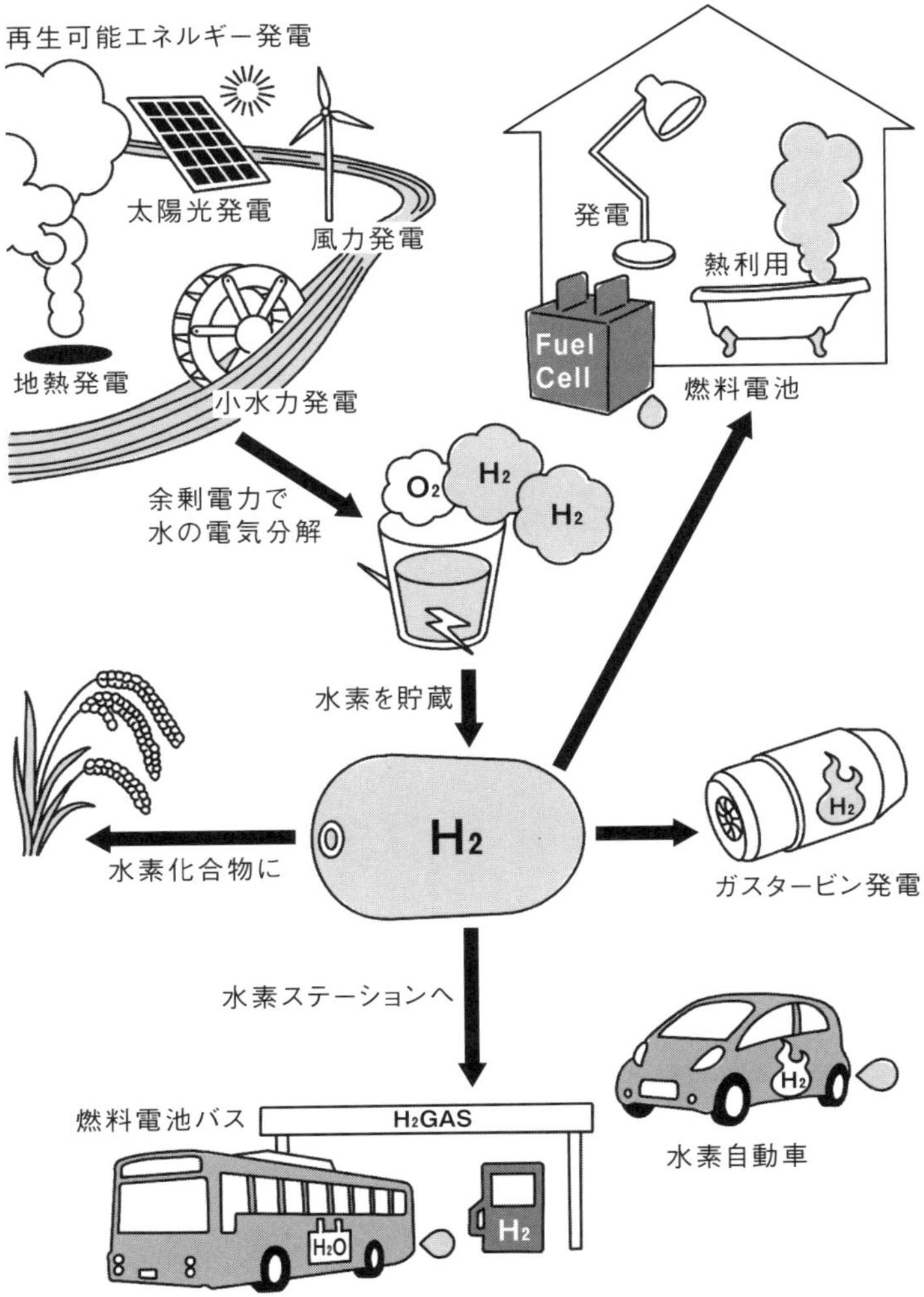

私が「G－H2O」の開発を発想したのは、すでに述べたように13年ほど前です。東日本大震災の直後にグローバル・リンクを立ち上げた時代です。グローバル・リンクは、太陽光発電を開発することを目的に設立したのですが、そこはベンチャーの野心で、将来的にはほかの製品も開拓することを想定していました。その方向性の中心を占めていたのが水素発電でした。

しかし、水素発電の魅力を投資家の人たちに説明したところ、取り合ってもらえませんでした。太陽光が再生エネルギーの代表格であるというイメージが広がっていたからです。風力発電も台頭していましたが、こちらには同時に公害のイメージも付きまとっていました。

水素発電は、全然話題にもなっておらず、発想そのものが定着していませんでしたが、私は当時から、将来の有望株だと確信していました。

水素は危険物なのか？

水素発電の試作品をつくった後も、投資家の反応は変わりませんでした。その理由の一つは、水素発電を導入しても、ＦＩＴが適用されないことでした。太陽光発電による電力は販売できますが、水素発電の電力は売れません。となれば顧客も水素発電には興味を示しません。そのころは、まだＳＤＧｓの意識も低く、大半の人は売電により収益が出るかどうかで、事業の方向性を決めていたのです。

さらに別の問題もありました。水素は危険というイメージが定着していたのです。水素イコール高圧水素と考えるからです。水素爆弾のイメージもあります。液化水素も想像させます。爆発を懸念する取り越し苦労があったのです。

実際、最初につくった水素発電機の試作品は、アルミのアタッシュケースのようなもので、時限爆弾のようにも見えて、悪い印象がありました。

ある日、試作品を持参して福岡へ出張しようとした時、羽田空港の受付カウンターで許可を得られなかったのを記憶しています。

「こんな危ないものは持ち込めません」

「これは危険物ではありません」

カウンターで言い争っているうちに私は、空港のスタッフに取り囲まれてしまいました。

「とにかく許可できないので、ご遠慮ください」

「いや、爆弾でもなんでもないんですよ」

水素発電機だと説明しても、結局、荷物として受け付けてもらえませんでした。

「水素なんてとんでもない」と、繰り返し言われました。

私は羽田空港から、東京駅へ引き返しました。新幹線で福岡へ向かわざるを得ませんでした。した。幸いに新幹線には水素発電の試作機を乗せることができました。コロコロバッグに発電機を入れて、新幹線の車内へ持ち込んだのです。

投資家たちの反応がよければ、もっと早い段階から水素発電の開発に着手していたでしょう。しかし、反応が悪かったので、開発をペンディングしていたのです。

ちなみにこのところ、さまざまな国やメーカーが水素発電システムの開発に取り組んでいますが、根本的に私が開発した発電機とは仕組みが異なります。従来の水素発電では、大前提として外部から発電機へ水素を供給する必要があります。そのための水素の調達と運搬が課題となっているのが実情です。採算が取れないほどコストが高くなります。

たとえば水素を発生させるために1時間に100kWの電力を使ったり、海外から船で水素を運んだりしています。オーストラリアは鉱石から水素を取っていますが、その水素を日本に輸入するためには、貨物船を使う必要があります。その船を動かすために、大量の重油を消費します。これではコストが高くなるだけではなく、環境保全にもつながりません。本末転倒です。

私が開発した水素発電機「G－H2O」は、独自の水素製造ユニットで金属と水を反応させることによって水素を発生させるため、外部から水素を補充する必要がありません。水さえあれば十分です。しかも、水はどこにでもあります。

発電機の管理も簡単です。発電情報をパソコンやスマホから24時間リアルタイムで確認することができます。また、グローバル・リンクのシステム管理センターからも常時監視を行っています。もちろん障害が発生した時は、迅速に対応できます。「G－H2O」の普及は、日本ではまだ時間がかかりそうですが、海外では順調に進行しています。

発想を転換すれば世界は広がる

水から水素が生成できれば、電気自動車にも飛躍的な変化が起きます。現在の電気自動車の普及には、充電ステーションの設置が条件になります。そのためのスペースを確保して、それを網の目状に張りめぐらせる必要があります。インフラを整備するために莫大な予算と労力を要します。

これに対して、水素発電機を搭載した車を普及させれば、充電ステーションの設置は不要になります。水があれば車が動きます。車の性能も従来に比べて格段に良くなります。

少し前まで、自動車はガソリン1リッターで10㎞走れば燃費が良いと言われていました。現在はどうでしょうか。低燃費を謳う車は1リッターで30㎞近く走ります。これが技術革新です。さらに水素発電機を搭載した車になると、コストはもっと安くなります。

水素電池で走る車の試作品を自宅で製作すると、何人もの人がそれを見にやってきました。みんな「えっ」と驚いていました。水から生成した水素でモーターを回すわけですから、仕組みが分からない人は、びっくりするわけです。

しかし、不可能なことを可能にして世に送り出すのが本当の技術力です。ベンチャーの目標です。この理念はどのような分野でも変わりはありません。

たとえば別の例をあげると、最近、温室効果ガス削減のために、産業活動で排出されたCO_2をかき集めて地底に埋める技術が台頭しており、革命的な技術だと評価されています。しかし、この方法はコストがかかる上に、地震などで地盤がずれると埋めたCO_2はすぐ大気中に放出されます。冷静に考えるとかなり問題があるのです。

私は、集めたCO_2を化学分解で水素に変えたほうが建設的だと考えています。実際、この点を踏まえて新製品の開発に取り組んでいます。

今、日本の「ものづくり」は世界から後れをとっています。日本が常にナンバーワンでなければダメだとは思いませんが、若い人々には発想を転換してほしいというのが私の願いです。

水素エネルギー利活用の意義

❶省エネルギー

燃料電池の活用によって高いエネルギー効率が可能である。

❷エネルギーセキュリティ

水素は副生水素、原油随伴ガス、褐炭といった未利用エネルギーや、再生可能エネルギーを含む多様な一次性エネルギー源からさまざまな方法で製造が可能であり、地政学的リスクの低い地域からの調達や再エネ活用によるエネルギー自給率向上につながる可能性がある。

❸環境負荷低減

水素は利用段階で CO_2 を排出しない。さらに、水素の製造時 CCS（二酸化炭素回収・貯留技術）を組み合わせ、または再生可能エネルギーを活用することで、トータルでの CO_2 フリー化が可能である。

❹産業振興

日本の燃料電池分野の特許出願件数は世界一である等、日本が強い競争力を持つ分野であるので、関連産業の振興が期待できる。

「国際都市」幕張へ移転

現在、グローバル・リンクの本社は千葉県の幕張にあります。ここから世界市場を念頭においた事業を展開しています。東京から幕張に本社を移したのにもわけがあります。結論を先に言えば、合理的で無駄のない経営を目指しているからです。

ビジネスには常に合理的な戦略が不可欠です。合理性を重んじることが私の経営哲学です。環境を良くして、無駄なことには関わらずに開発に邁進するのが理想です。そのことを私は最近、痛感しています。

本社を幕張へ移転したきっかけは、企業経営の観点から言えば、すでに述べたように多額の借金を抱え込んで、リストラを余儀なくされたことにあります。無駄な出費を防ぐことが目的でした。丸の内にある新丸ビルの賃料は坪あたり8万円です。インターネットが普及している時代に、これだけ高額な家賃を払ってまで、東京の中心地に事務所を持つ必要はありません。

幕張メッセでは、坪あたり８０００円で事務所をレンタルできます。10分の１の賃料ですみます。それに幕張は、東京よりもはるかに「国際都市」です。

一方、事務所を移転した理由を自分の感情的な観点から言えば、東京には信用できない人が多いからです。製品開発を目指す企業にとって、半ば腐敗した人物と接しても、何のメリットもありません。

たとえば、もうずいぶん前の話になりますが、私は江東区東陽町にある自社ビルを取られそうになったことがあります。46坪の６階建てのビルです。

幸いに警視庁に相談して事件は解決しましたが、自分でも信じがたい体験をしました。巧みに印鑑を偽造して不動産を騙し取る手口の被害に遭ったのです。いわゆる地面師による犯罪でした。

何者かが東陽町の自社ビルの不動産登記を改竄して、ビルの所有権を変更していたのです。会社の印鑑も役員の印鑑も偽造されていました。そして代表取締役である私の名前を登記簿から消していたのです。

犯罪が実行されたのは、私が米国に三か月半にわたって出張していた留守の時期でした。

出張から戻って間もなく、私は自分のビルの名義が変わっていることに気づきました。

というのも、ある日、事前連絡もなく一人の胡散臭い男が会社にやってきて、「すぐに東陽町のビルから出ていってくれ」と私に告げたからです。

「どういうことだ」

「あんたはビルのオーナーではない」

「なんの話だ」

「ここに不動産登記簿がある」

男は私に不動産登記簿を示しました。それを見て私は、面食らいました。ビルの所有者である私の名前が削除されていたからです。私は嫌な予感がしました。この問題を解決するために技術開発の時間を大幅に削ることを余儀なくされると思ったからです。正直、わずらわしいと思いました。

「バカなことは言わずに帰りなさい」

「いや、その前にビルを明け渡してほしい」

「帰りなさい」

「ここから出ていくのはあんたの方だ」

「警察を呼ぶぞ！」

私はスタッフに警察に連絡するように告げました。

10分ほどで刑事が3人、巡査が10人くらい事務所に入ってきました。後日、私は法務局にも抗議しました。法務局の幹部は低頭して謝罪しました。

「管理体制を変えないと、同じ被害に遭う人が生まれるのではありませんか」

よく話を聞いてみると、地面師による犯罪は他にも起きているとのことでした。

こうした事件に巻き込まれることを避けるためには、普段から簡単に実印を押さない習慣を身に付けておく必要があります。今は印鑑の複製が簡単にできるので、実印を使わないほうが無難です。それでもこの種の犯罪は防ぎようがありません。最良の対策は、データや契約書をデジタル化することです。

また、やたらに来客者と面談しないことも、この種の事件に巻き込まれるのを防ぐ方法です。私はそれまでは、面識のない人に対しても直接電話で話したり、直接面談するのが常でしたが、地面師による事件に巻き込まれた後は必ずクッションを置くようになりました。

現在は、面識のない人から問い合わせがきても、会社のスタッフが最初に面談します。こうして時間を稼いでおいて、その間に相手の素性や信頼度を調査します。

このようなアドバイスをしてくれたのは、ある酒造会社のS社長です。

「冨樫君、電話の相手に直接会ってはダメだよ」

S社長は、もともとは銀行に勤務されていたので、金銭がらみの詐欺については、熟知されています。

幸いに、私を狙った地面師は詐欺で捕まりました。私より2つ年下ですから、60歳ぐらいの男でした。司法書士ですが、免許を剝奪されていました。悪いことばかりやっている司法書士でした。世の中には、人々のためにはかえって害になる弁護士や司法書士がいます。彼らはどんな悪事でもやります。そのための知識もあります。

幕張は、今や東京よりもはるかに国際的と言ってもいい町です。ひと昔前の亡霊のような地面師が出没するような雰囲気はありません。近代化を目指す企業には、近代的なビジネス街が必要なのです。

幸いにグローバル・リンクには、語学ができる社員が多数在籍しています。そのうちの一人は千葉銀行の支店長を務めていました。以前はロンドンに駐在し、ロンドン支店での業務経験もあります。千葉銀行からグローバル・リンクのスタッフとしてヘッドハンティングしたのです。国際ビジネスの場で活躍できる人です。

海外での事業展開を積極的に推進

私は、幕張にグローバル・リンクの本社を置き、スイスやタイなどを相手に国際ビジネスを展開しています。企業誘致に積極的なアメリカのデラウェア州での事業展開も考えましたが、パートナーに資金力がないことが分かったので中止しました。ロサンゼルスやサンフランシスコへの進出も、時差があるので、あまり乗り気にはなりませんでした。ましてニューヨークになると、日本との時差がさらに大きい上に、企業や人口が密集しているので静寂さに欠けます。私の肌には合いません。

海外でのＥＶ事業への取り組みも順調に推移しています。数年前にイギリスのブルーバーグというファンドが私に対して、合弁会社をつくりたいと言ってきました。水（水素）で走る車に興味を持っていました。

すでにタイで合弁会社を設立しています。私の会社が資本の35％を負担して、タイの企業が35％を負担しました。時差や土地のスペースを考えるとタイは有望な国です。原発企業との競合になる可能性もありますが。

私が具体的に視野に入れているのは、タイのアマタシティ・チョンブリ工業団地へグローバル・リンクの工場を設置することです。私は、この工業団地に20年ほど前に初めて足を運んだことがあります。当時、すでにさまざまな企業が進出していたのを記憶しています。

現在は、７００社を超える多国籍企業が操業しています。日本からも、トヨタ、マツダ、日産などの自動車産業を初めとして、多種多様な企業が進出しています。

また、これらの企業の部品を生産する下請け企業も進出しています。親会社が海外へ移転すれば、下請け会社も後を追うのは、ある意味では自然の流れです。

日本人の顧客をターゲットにした日航ホテルもあります。大企業が進出する先には、それに関連する企業も追随するのです。

私はここに100人規模の工場を建てることを計画しています。これだけ円安が進んでしまうと、国内ではなかなか生き残れません。

タイへ進出するメリットは、第一に人件費が安いことです。日本円にして、月給3万円ぐらいで人員を確保できます。第二に資材を安く入手できます。現地で資材を調達できるわけですから、人件費は言うまでもなく、運送費も大幅に削減できます。

このように、ものを生産するという観点からすれば、タイは有望な進出先です。ただ、生産したものをタイ国内で販売するのは、まだ国民の購買力が低いのでなかなか難しいのが実情です。販路は別に開拓する必要があります。


もう一つ私が視野に入れている進出先の候補地としては、プエルトリコがあります。プエルトリコはカリブ海の中の島国です。米国領ですが公用語はスペイン語です。

プエルトリコ進出のメリットは、事業に関連した税金が優遇されていることです。ここにも工場を建てたいというのが私の希望です。

ほかにベトナムやブラジルも候補地です。これらの国々は、最近、著しい経済成長を遂げています。

将来的には、英国やスイスなど、ヨーロッパにも進出したいものです。スイス人の10％は、1億円を超える貯蓄を持っていると言われており、消費者に購買力があるのが魅力です。

国際ビジネスを展開してみて、私は、海外の金融機関のほうが相対的に日本の金融機関よりも便利だと確信しました。たとえば日本の銀行では、L／C（信用状）を現金化できないことがままあります。「現地へ行ってやってください」と言われます。

実際、ある時にこんなことがありました。私はアメリカ人から手形を預かりました。それを現金化しようとしたところ、日本の銀行はどこも対応してくれませんでした。そんな体験もあって、現在ではクレディスイスかUBSを使います。また、シンガポールのDBS銀行も使います。海外では、あまり厳しい規制はありません。

海外展開には弁護士の支援も得ています。私が依頼している法律事務所にはニューヨーク支店があり、そこの弁護士に担当してもらっています。

改めて言うまでもなく、国際ビジネスの現場では、国際法を熟知するだけではなく、取引先国の政情に注意を払う必要があります。

ウクライナ戦争が始まったころ、その影響でイギリスでは電気代が1kWあたり53円に高騰しました。それまでは13円でした。電力価格の高騰は、さらにヨーロッパ全体に広がりました。

その結果、今まで「G－H2O」の契約書にサインしてくれなかった人たちがどんどん契約してくれました。飛ぶように発注が来ました。このようにウクライナの状況はビジネスにも大きな影響を及ぼしています。それはちょうど東日本大震災の後に、太陽光発電が急激に市場を拡大したのと同じ原理です。

国際ビジネスを展開する中で、私は企業秘密を守る重要性も痛感しています。水素発電の開発を進めている時期に、私はパソコンに保存した情報をハッキングされそうになったことが何度かあります。

それを防ぐために私は、最近はパソコンの中に図面やデータを保存しないようにしています。情報は全部USBに落とし込んでいます。パソコンの中のデータはすべて削除しています。

ある意味でハッカーは、地面師よりもやっかいです。サイバー攻撃の本部がどこにあるのかが分からないことが多いからです。

ビジネスには常にリスクが伴いますが、それを乗り越えていくことで、新しい世界が開けていくのだと私は思います。

これからはビジネスの国境がなくなります。その時に、日本国内の事業だけに固執していると行き詰まります。「脱日本」が今後のカギになります。しかし、今の日本の経営者には、海外に拠点を移して事業を展開する発想はあまりないようです。言葉の問題があるからです。

しかし、方向を切り替えなければ、世界から確実に見捨てられます。

エコタウンの開発を手掛ける

私の夢はエコタウンを開発することです。これについては、国が後押しをしてくれています。大規模再生エネルギー都市計画が九州の糸島市で始まっています。これは温室効果ガスを削減するための総合的な計画で、地球温暖化対策のモデルタウンを構築することを究極の目標としています。

この町から排出される温室効果ガスをどこまで削減できるかへの挑戦です。「太陽光や蓄電池、ＥＶの導入促進並びに、低炭素な系統電源を使用する体制の整備等」が事業の柱になっています。

タウン内の電気は、太陽光発電を採用して蓄電もします。余剰電力は、九州電力に販売します。もちろん使用電気は九州電力から購入しますが、売電と買電がプラスマイナスゼロになるように計画されています。

企業の中にはエコタウン構想に関心を示しているところもあります。たとえばＴＤＫは、かつてカセットテープで有名でしたが、今はむしろ半導体の開発に力を入れています。グローバル・リンクが参加して山形県にエコタウンをつくった時、ＴＤＫは自給自足の電力供給を視野に入れることを提案しました。電力会社から電力を調達するよりも合理的だという考えです。その時、私はＴＤＫもヨーロッパ並みになってきたなと感じたものです。

エコタウン構想が成功するか頓挫するかは、誰にも分かりません。また、海外だけではなく日本でも水素発電機が普及するかどうかも未知数です。というのも、事業の業績は国策に連動する傾向があるからです。国策が変わればそれが事業にも影響します。

しかし、優れた商品は、最終的には世界に普及するというのが私の信念です。その確信があるからこそ、技術開発への情熱も衰えないのです。

おわりに ——グローバリゼーションの時代

急激に円安が進んでいます。私がこの「おわりに」を執筆している2024年8月の時点では、おおよそ1ドル145円前後で変動しています。過去には1ドルが80円を切った時期もあったわけですから、その当時と比べて日本の経済状況は大きく変化しました。

日本は高度経済成長やバブルの時代を経て、低成長の時代へ、そして現在では低空飛行の時代に入っています。

しかし、こうした状況の下で、海外に生産拠点を置いている企業は、日本へ商品を輸出することで大幅に利益を上げています。多国籍企業はダメージを受けていません。

これに対して国内の輸出産業は衰退しています。倒産へ追い込まれる企業も少なくありません。加えて多くの若者が希望を失い始めています。

今、企業は言うまでもなく、あらゆるものが海外へシフトしています。プロスポーツの世界でも、優秀な選手が海外へ拠点を移す傾向が顕著になっています。しかも、新天地で大きな成果を出しているのです。国境なき時代が到来したのです。日本ではチャンスはなくとも、海外では自らの能力を開花させる機会が準備されています。

かつてプロ野球の日本ハムでプレーしていた大谷翔平選手が、MLBに移籍後数年でホームラン王になり、MVPに選ばれることなど誰も想像しませんでした。ごく普通の選手としてレギュラーのポジションを得られても、日本人が米国人を超えたパワーヒッターになることなどありえないというのが一般的な見方でした。

しかし、冷静に考えると大谷選手は、舞台を米国へ移したからこそ能力を最大限に開花できたのかもしれません。日本に留まっていれば、潰されていた可能性もあります。「出る杭は打たれる」の風潮は今も根強いのが実態です。

大谷選手の高校の後輩にあたる佐々木麟太郎選手が、日本のプロ野球には見向きもせずに、米国のスタンフォード大学へ進学したのは、ある意味では国境なき時代を象徴する出来事でした。私は同選手に熱いエールを送ります。

日本と異なり、米国では具体的な実績があれば、高い評価と報酬を得ることができます。技術力と報酬が見合っているのです。したがって、努力すれば誰にでもチャンスはあり、日本に比べてはるかに平等な機会が準備されています。

日本国内に留まって日本の中で自分を成長させていこうという考え方は、もはや時代遅れではないでしょうか。よりよい環境、よりよい収入を求めて海外へ行くべきだというのが私の考えです。しかも、その機会があるわけですから、積極的にそれを利用すべきだと思います。

改めて言うまでもなく、私が経営するグローバル・リンクも海外での事業を重視する経営方針を取っています。

青色発光ダイオードの開発でノーベル賞を受賞した中村修二氏は、世界の産業界に大変な功績を残しました。しかし、その評価は、日本では20億円程度にしかなりませんでした。これに対して米国では８００億円ぐらいの評価を受けました。

中村氏は、もともとは日亜化学工業の研究員などを経て、米国のカリフォルニア大学サンタバーバラ校（ＵＣＳＢ）教授に就任された経緯があります。現在では米国の国籍も取得されています。おそらく日本よりも米国の方が研究に適した条件が揃っていたから、研究の舞台を海外へ移されたのでしょう。

海外への知識の流出の原因が日本にあることは間違いありませんが、今のところ改善される見込みはありません。現在では優秀な研究者や技術者が、研究の場を次々と中国へ移しています。海外の方が研究のための環境が整備されているというのがその理由です。

これも時代の流れなのかもしれません。企業活動そのものがグローバル化しているわけですから、研究者が条件のいい国へ行くのは当たり前です。

海外では、お金で実績を評価してくれます。実績があれば、たとえ出社しなくても文句は言われません。逆に、毎日夜遅くまで仕事をしても、成果を示さなければ解雇されます。

このような国際化の流れの中で、日本の国内企業も変わらざるを得なくなっています。たとえば現在、日産自動車では社員の副業を奨励しているそうです。従来の日本企業の感覚では想像もできなかったことです。

最近の先進的な企業は、社員は自らの付加価値を高めるために、職場以外でも何か活動をすべきだと考えるようになっています。副業で成功する人材は優れているという捉え方もあるようです。上司の指示がなければ何もできない「会社人間」は歓迎されなくなっているのです。

というのも終身雇用制度がなくなっているので、社員を解雇する場合、対象者となった社員が何の能力も身に付けていなければ、路頭に迷うからです。

このような制度をどう評価するのかについては、いろいろな考えがありますが、少なくとも従来の終身雇用制度よりは優れていると私は思います。ドラスティックな方針には違いありませんが、このところ銀行のシステム障害が頻発したり、マイナンバーカードの運用システムすらロクに構築できない状況の下で、技術面の遅れを打破するためには、新しい制度の導入が必要でしょう。

幸いに自治体のレベルでも遅まきながらも、国際化に連動した改革が進んでいます。たとえば、私が住んでいる千葉県の自治体では、市を巡回する路線バスが無料で、しかも自動運転で実施されています。

小さな町ですが、先進的なものを積極的に取り入れています。将来的には事業者や住民が使う電気も、自治体で準備する時代が訪れるのではないかと思います。

コンテナのホテルも登場しました。設置が簡単な上、自治体から補助金が出ることが事業を促進させているのです。近い将来には、水も電気も自前で調達するようになるでしょう。この事業は立ち上げが簡単でロスがない。これも新しい時代のトレンドです。グローバル・リンクも参入を検討しています。

これらの発想は、やはり海外の動向にヒントを得たものです。たとえば米国の一部の都市は、日本よりもはるかに先を行っていて、すでに自動運転のタクシーが走っています。当然、運転手はいません。タクシーに向かって手を上げても止まってくれません。

乗車はインターネットで申し込むようになっています。したがって利用者の方も、パソコンやスマホを十分に操作できる能力が必要になります。国民の知的レベルの向上とコミュニティの発展は、密接に関係しているのです。

その一方で、社会が逆の方向へ向かっているのではないかと思われる現象もあります。たとえば原発推進の再開です。海外ではドイツを筆頭に、原発を廃止して自然エネルギーを推進する方向性が顕著になっています。

これに対して日本では、原発の稼働期間を40年から60年に延長したり、小型の原発を導入する動きもあります。地震の多発地帯である日本で原発を推進することは、危険極まりないことです。福島の悲劇を経験しても、それを将来に生かす試みがなされていません。また、２０２４年2月には、ＣＣＳ（二酸化炭素回収・貯留）を進めるための法律案が閣議決定されましたが、私に言わせればデタラメというほかありません。これは実は非常に危険なことです。米国やカナダであれば問題ありませんが、地震国で同じことをするのは危険です。海外の物真似だけでは国を破滅させかねません。

このように、日本の進路には近代化と整合しない部分もあります。世界の本流がどうなっているのかを学ぶためには、繰り返しになりますが、やはり海外へ行くのが最も手っ取り早いのです。

そのためには言葉の壁を超える必要があります。日本は島国ですから、もともとコミュニケーションが下手な傾向があります。まず、日本語でもいいので、自分の考えを堂々と表明できる力を養うのが大事でしょう。

グローバル・リンクが求める人材は、コミュニケーション力、技術力、それに管理能力です。この三点がセットになって初めて、ベンチャー企業は成立します。

幸いにグローバル・リンクには、大手企業との商談も増えています。というのも、海外事業を展開するにせよ、国内事業を展開するにせよ、戦略的で迅速な事業展開が企業には不可欠だからです。

大企業が現時点から水素発電の技術開発をスタートさせても、実用化するまでには5年から10年ぐらいの歳月を要します。これでは時代の流れについていけません。そこで、すでに水素発電の技術を持っているグローバル・リンクと提携する戦略を選ぶのです。こういう時こそ、ベンチャー企業の役割が重要になってくるわけです。

本書の中でも述べたように、グローバル・リンクは、水から水素をつくり、その水素で発電機を動かす技術を持っています。さらにこのシステムを自動車に搭載できるまでに技術開発を進めています。

これらの技術を提携先の企業に提供することで、事業のスピードアップを図ることができるのです。

本書の中でも述べてきたように、私は自分の会社が危機に陥った体験を経たことで、かえって多くのことを学びました。私は資産と技術を持っていたので、生き残ることができました。それを恥として隠すつもりはありません。失敗から日本国内で事業を展開することの危うさを学び、その後のグローバル・リンクの方針を決める上で大きな指標になったからです。

一つの時代の終わりは、同時に新しい時代の始まりでもあります。これからグローバル・リンクがどのような道を歩んでいくのか、私の夢は尽きません。

2024年8月

グローバル・リンク株式会社　代表取締役社長　冨樫　浩司

水素《すいそ》発電《はつでん》ビジネスに挑《いど》む

2024年 10月18日 初版第1刷

著 者――――――冨樫浩司《とがしこうじ》
発行者――――――松島一樹
発行所――――――現代書林
〒162-0053 東京都新宿区原町3-61 桂ビル
TEL/代表 03(3205)8384
振替00140-7-42905
http://www.gendaishorin.co.jp/

ブックデザイン＋DTP――― 吉崎広明（ベルソグラフィック）

印刷・製本：㈱シナノパブリッシングプレス
乱丁・落丁本はお取り替えいたします。

定価はカバーに
表示してあります。

ISBN978-4-7745-2024-7 C0034